最偉大的車，
是還沒造出來的那一輛。

──恩佐·法拉利（**Enzo Ferrari, Modena 1898-1988**）

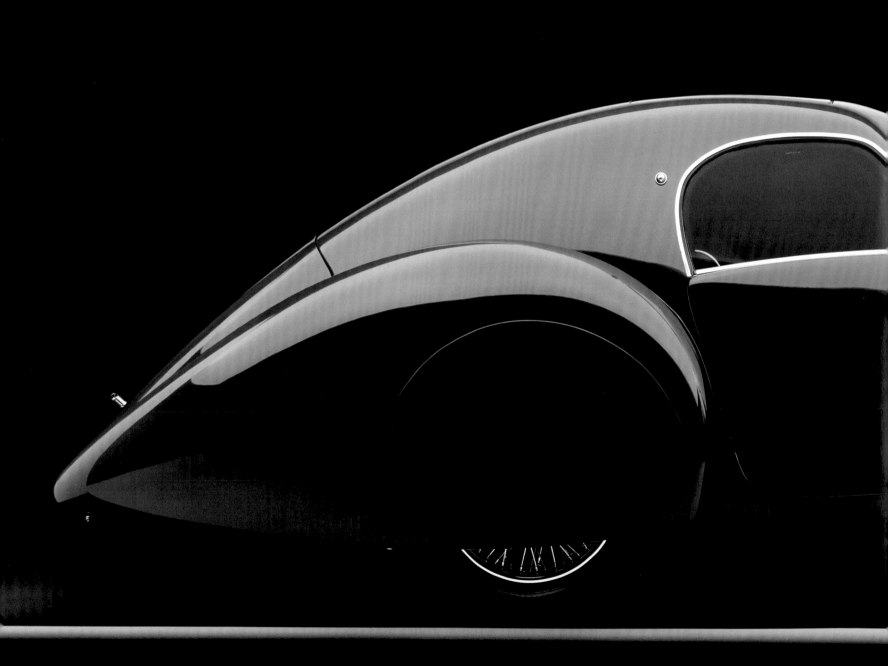

經典古董車

1920–1960年代的名車傳奇

作者 / 瑟巴斯提亞諾‧薩爾威提 Sebastiano Salvetti
翻譯 / 金智光

Boulder Media 大石文化

2-3—1938年的塔伯特—拉戈（Talbot-Lago）T150C SS是法國車身製造商費高尼與法拉斯奇（Figoni & Falaschi）的驕傲之作，特色是淚珠狀的車身設計，以及與車身融為一體的「浮筒式」葉子板。

4-5—1936年的賓士（Mercedes-Benz）540K Roadster引擎蓋。這輛車擁有5401 cc八汽缸引擎，加上機械增壓套件之後可榨出180hp的驚人馬力。

7—勞斯萊斯車頭徽飾「狂喜之靈女神」罕見呈現跪姿，尤其是安裝在1928年的美國汽車杜森伯格（Duesenberg）Model J水箱上方，顯得更加珍奇。

目錄

前無古人，後無來車

本書獻給誕生於20世紀初到1960年代末的最經典四輪車款，
這也是人類歷史上靈感大爆發、
在機械上綻放創意與研究精神的年代。
本書同時也向汽車發展的偉大故事致上敬意。

　　這些汽車定義了一個時代，真正代表了汽車史上最輝煌、最為人稱道的時期。從21世紀初到1960年代末，隨著科技革新的腳步從「馬車」進入「馬力」，史上最令人驚豔的車款也陸續登場，成了耀眼的明星，並從此寫下歷史。可以說它們本身就是歷史。這些汽車搭載過國家元首、娛樂名人、名賽車手還有商界大亨，成了當時的人夢寐以求的想望，也讓後世驚嘆不已。它們展現出超越時間的美、和諧、藝術和精湛工藝，成為不朽的存在。這些作品所追求的也正是永恆。

　　我們的旅程從1920年代出廠的默瑟（Mercer）Series 5 Sporting等車款出發，貫穿汽車史，直到1969年的法拉利Dino 246 GT Berlinetta。沿途你將見證科技與藝術出現偉大巧思的時代，也會走過汽車工藝與大眾生活停滯不前的時刻，包括使千百萬人的生活受到威脅的兩次世界大戰與1929年的大蕭條。這些重大事件無可避免地間接影響到汽車從誕生初期至1960年代的發展，這段時間的汽車本身帶有每個時代的特徵，也映照出那些時代。這些汽車真實反映了生活方式的演變：從只比馬車稍微進步一點，變成當時精英所獨享的移動廳堂；從樂觀精神的體現與浴火重生的盼望，變成二次大戰後典型的實驗與革新，到最後註定成為後世尊崇的傳奇以及仿效的典範。汽車首先是製造者、設計師、駕駛人和愛好者努力克服的難題，之後才成為普及的交通工具。汽車是時代的引擎。它就是生活。

　　我們從這50年間選出的車款各自代表了一個階段的成熟，一次演化，與一次進步的推力，同時也各自在汽車史這本鉅著中寫下一個無法抹滅的章節。有的車款，我們推崇它令人難忘的外部線條，無論是早年的方正輪廓、1930與40年代的淚滴型車身，或是像1962年Ferrari 250 GTO這種不朽的經典造型。有的車款，我們則是推崇它帶來的解決方案拓展了我們對科技的視野——從原始的梯形車架進步到承重的一體式車身；從化油器供油系統到燃油噴射系統；從鋼材到鋁材，朝著愈來愈精密的懸吊、高性能引擎與革命性科技邁進。有的車款甚至透過外觀與複雜度，反映出它的時代定位——時而輕鬆歡樂不切實際，時而強調機能與理性。有的車款則見證了二次世界大戰後，沉浸在勝利與歡欣之中的美國，與專注於從戰後的破壞中振作起來而不講求浮誇的歐洲之間出現的分野。美國走向力量派，以強大的經典V型八汽缸引擎為代表；歐洲以輕盈為尚，極致地展現在英國的雙座敞篷跑車上。這樣的二元性展現出雙方不同的傳統，並從當時延續至今，彼此交互影響的只有少數例子。

　　每一款車背後都蘊藏了一個完整的世界，都是精力、資金、研究、實驗、喜悅與痛苦的結晶。這本書所收錄的車款共同創造了歷史，並向這些永垂不朽的名車以及造就它們的人致敬，絕對值得所有愛車人士永久收藏。

12-13—1956年保時捷356A Speedster是這家德國車廠的第一部量產車，擁有經典911某些必備的特色，例如水平對臥引擎架構與後置式引擎。

14-15—1962年法拉利250 GTO是最成功、最迷人的「紅色閃電」之一，但沒有大量生產，僅製造了36輛，其中一輛近來以3670萬美元的拍賣價成交。

1920年代
汽車普及化

**這個時代從獸力進步到蒸汽引擎，大量進行各種試驗，
製造出來的每一輛車都是獨一無二的，也是工藝的傑作。**

　　蒸汽引擎在19世紀的工業革命中扮演領頭羊，把交通工具從獸力——基本上就是馬匹——解放出來，確保了運輸方式的持續發展。儘管如此，當時車輛的造型改變不大，仍舊維持傳統馬車車廂外觀，有別於今日我們熟悉的汽車。但隨著新世紀的到來，所有事物都將一去不復返。巨變發生在20世紀的頭20年。「速度」開始進入日常生活，改變了空間、時間與距離的概念，改變了人與人之間的關係、交流與商業活動。最早的汽車製造商應運而生，車廠在當時從各個方面來看都像是工匠的作坊，有水準最高的工人、技術精湛的鑲板工、天才設計師、想像力豐富的技師、膽大包天的駕駛、桀傲不遜的試車手，加上勇氣十足的企業家，所有人通力合作，就是為了創造出比當時其他任何東西都更能象徵未來、進步與創新的汽車。繪圖、設計、工具、模板、零件、木料和鋼材是當時的明星。簡單的元素在技藝最精湛的專家手中活了起來，催生出有史以來最具原創性的作品。直到一次世界大戰前，汽車產業經歷了技術與產業同步提升的黃金時期。

　　汽車是這麼的優美，人人渴望擁有，但在那個年代它代表了尊榮、奢華，只有少數人如貴族或統治者才能如願。汽車一方面極為昂貴，另一方面維護起來也所費不貲。汽車不只是汽車，而是真正的移動客廳，看看精雕細琢的1925年勞斯萊斯Phantom I就可以知道；或者是位於天秤另一端的原型車，以及幾乎專為締造傳奇紀錄而打造的賽車，如賓士Typ SSK就在這方面名留青史，它強大的7065 cc六缸汽油引擎具有Roots機械增壓器，能產生300匹馬力。屬於普羅大眾的汽車並不存在，四輪上的民主尚未到來，當然更不可能有我們今天熟知的雙座敞篷車或是雙門轎跑車。20世紀的最初20年，最流行的車款是無門敞篷車（phaeton）和有門敞篷車（torpedo），後者不但有車門，還有擋風玻璃和儀表板，由於性能提升且更加舒適，因此很快就占了上風。

　　當時還沒有量產車，每個車廠都只製造由引擎和梯形車架組成的套件，再由各大車身製造廠決定車身外型與配備。同樣一個車型可以裝上形狀五花八門的車身，就像高級訂製服那樣完全依照顧客要求製作。沒有兩輛車是完全相同的，就算是同時誕生的雙胞胎車輛也有不同之處。另一方面，當時汽車的懸吊結構大多都一樣：固定車軸、板片彈簧，以及極為成功的胡戴（Houdaille）液壓旋桿避震器，它採用旋轉閥而不是常見的活塞。只有這些結構才經得起當時原始的路面品質的摧殘。正因如此，1920年代的「跑車」創造出的紀錄也就更加令人佩服，例如德國賓士車廠的Typ SSK極速可超過180 km/h。再加上考量到當時普遍採用木造車輪，還有依靠人力操作而非油壓的鼓式煞車，這樣的性能更加驚人。

　　第一次世界大戰使民用汽車的生產停頓下來，但同時也帶動了內燃機引擎加速普及。世人期盼擺脫戰後的殘破，對生活、現代化、遊戲和享樂的需求如浴火鳳凰般快速高漲，至少上流社會是如此。當時正值「咆哮的二零年代」，出現了一些深具歷史意義的創新，例如蘭吉亞（Lancia）車廠的Lambda成為全球第一輛採用鋼製承重車身的汽車，而非一般在梯形車架上放置車廂，這個設計領先時代至少30年，而且至今依然持續演進。在大西洋對岸，同樣有歷史性地位的設計來自寇德（Cord）車廠的L-29，這是第一部大量生產的美國汽車，由前輪驅動。發展至此已為「怒吼的三零年代」奠定了基礎。

1920 默瑟
Mercer Series 5 Sporting

美國公司默瑟是史上第一家專攻性能車的車廠。他們以1910年推出的Type 35-R Raceabout打響名號。這是一輛靈活的運動化車款，不必大幅改裝就能在賽車中奪標。4800cc四缸T型頭汽油引擎，能產生55hp馬力，極速達到140 km/h。但在經過一連串致命的賽車意外後，默瑟決定不再生產刻意挑戰極限的汽車。儘管如此，生產出來的22-70 Raceabout在當時仍舊飛快。它採用兩種不同車架與四種車身造型，動力來自新的4888 cc四缸單凸輪軸引擎，採L型頭側置氣門；原廠數據為70hp，但實際馬力將近90hp。車架搭配板片彈簧與胡迪液壓旋桿避震器，值得一提的是，這種避震方式乃是利用旋轉閥而不是活塞的形式。繼代表性的22-70之後，再度進化成22-72以及22-73，到了1920年推出Series 5，採運動化的設計，具備擋風玻璃與車門，這些「詭異」的配備在過去的車型上前所未聞。這款車僅僅生產了14輛。1923年，六汽缸的Series 6登場，可惜幾經易主後，默瑟車廠於1925年結束營運。

規格表

引擎

配置	前方縱置
汽缸	直列四缸
缸徑X衝程	95.3 X 171.5 MM
引擎排氣量	4,888 CC
最大馬力	70 HP（2,800 RPM）
最大扭力	---
氣門機構	側置氣門，單凸輪軸
氣門數	每汽缸二氣門
供油系統	兩具ZENITH化油器
冷卻系統	水冷

傳動系統

傳動方式	後輪
離合器	乾式多片
變速箱	四速手排+倒檔

底盤

車身形式	魚雷式
車架	鋼製梯形車架
前端	梁式車軸、縱置板片彈簧、胡戴液壓避震器
後端	梁式車軸、縱置板片彈簧、胡戴液壓避震器
轉向	蝸桿與扇形齒輪
前 / 後煞車	鼓式（僅在後端）
車輪	584.2 MM木輻條輪圈、6.00 X 23前後胎

尺寸與重量

軸距	3,352 MM
前 / 後輪距	1,422/1,422 MM
長	4,780 MM
寬	1,727 MM
高	---
重	1,050 KG
油箱容量	95 L

性能

極速	超過120 KM/H
加速0-100 KM/H	---
重量 / 馬力比	15.0 KG/HP

18-19—1920年的默瑟Mercer Series 5 Sporting具有擋風玻璃與車門等「配件」，這在1920年代早期的敞篷車相當少見。

1922 蘭吉雅
Lancia Lambda

這是一輛劃時代的汽車，打破將車身放在車架上的傳統，以全球首創的承重單體車身為主結構。這項創舉遠遠領先同時代的汽車，並且相隔數十年之後才發揚光大，至今仍持續進化。同樣有創意的是獨立前輪懸吊，這家位於義大利杜林（Torino）的汽車製造商稱之為「望遠鏡式」，也就是伸縮的套筒搭配油壓避震器與螺旋彈簧，實屬現代設計！座椅放置在兩側而非直接在傳動軸上方，這也屬於另一項背離當時習慣的作法，一方面強化了整體結構，另一方面也有助於降低車身高度。最初它配備了窄缸角度（13°）2121cc的V型四缸引擎，能產生49hp，搭配三速變速箱，1925年加上第四檔。之後引擎也擴增到2370與2569cc，馬力最高可達69hp。Lambda的生產壽命相當長，儘管只是中階車款，但從1922年到1931年為止一共推出九代。總計約生產1萬1200輛，後繼車為蘭吉雅Artena。

20-21—1922年的蘭吉雅Lambda雖然外觀傳統，但卻是一輛革命性的汽車，揚棄過去的梯形車架，改以承重單體車身為主結構。

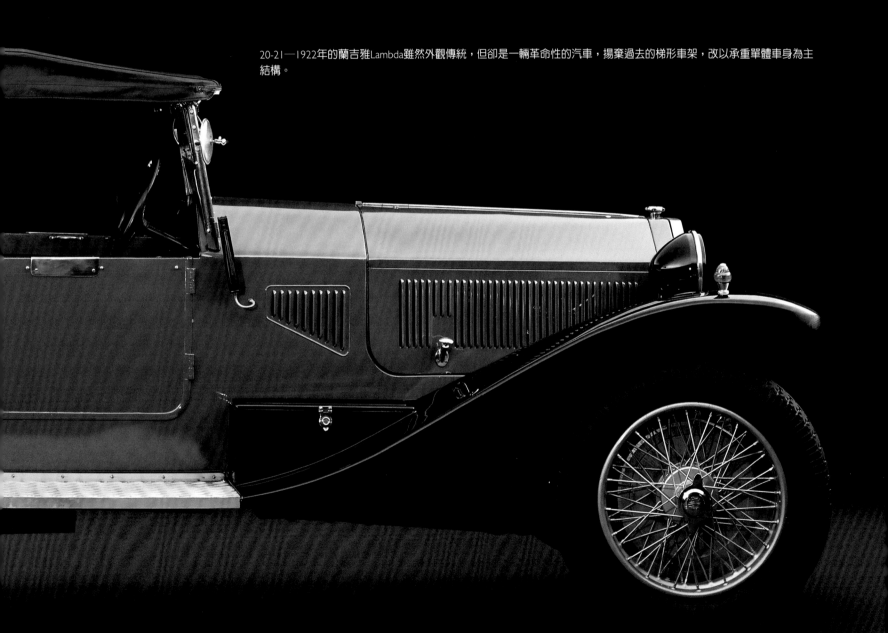

規格表

引擎

配置	前方縱置
汽缸	V型四缸（夾角13°）
缸徑X衝程	75.0 X 120.0 MM
引擎排氣量	2,121 CC
最大馬力	49 HP（3,250 RPM）
最大扭力	---
氣門機構	頂置式單凸輪軸
氣門數	每汽缸二氣門
供油系統	單具ZENITH 36 HK化油器
冷卻系統	水冷

傳動系統

傳動方式	後輪
離合器	乾式多片
變速箱	3速手排+倒檔

底盤

車身形式	魚雷式
車架	鋼製單體車身
前端	獨立式、 螺旋彈簧、套筒伸縮式避震器
後端	梁式車軸、縱置板片彈簧、摩擦式避震器
轉向系統	蝸輪和蝸桿
前／後煞車	鼓式，直徑300 MM
車輪	輪圈與765 X 105前後胎

尺寸與重量

軸距	3,100 MM
前 / 後輪距	1,330/1,400 MM
長	4,572 MM
寬	1,661 MM
高	---
重	1,220 KG
油箱容量	68 L

性能

極速	113 KM/H
加速0-100 KM/H	---
重量 / 馬力比	24.90 KG/HP

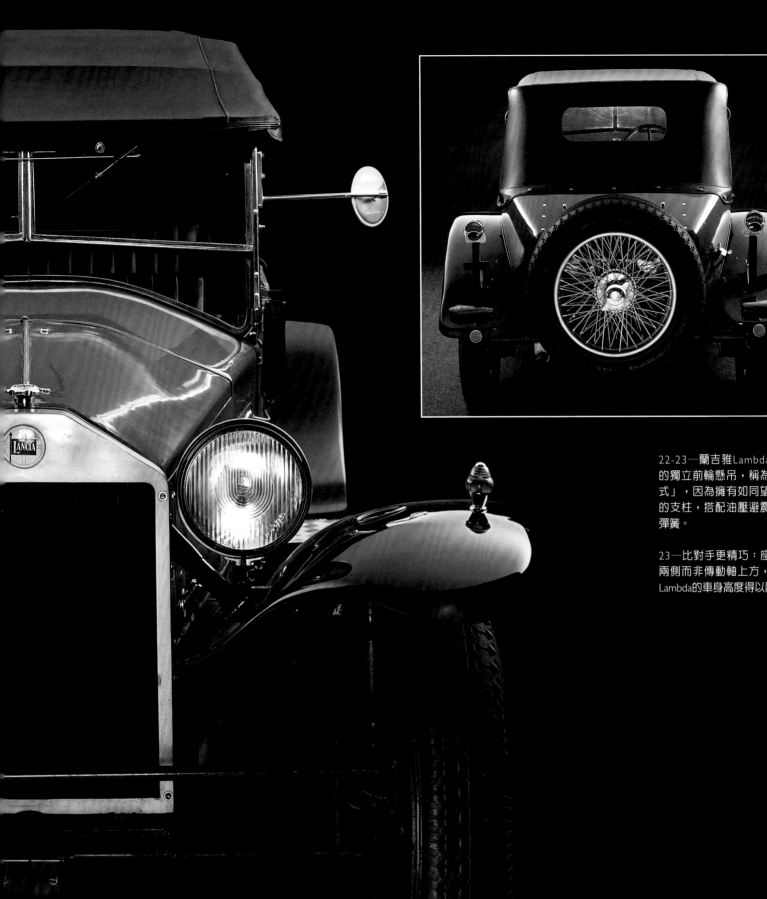

22-23—蘭吉雅Lambda採用先進的獨立前輪懸吊，稱為「望遠鏡式」，因為擁有如同望遠鏡一般的支柱，搭配油壓避震器與螺旋彈簧。

23—比對手更精巧：座椅放置在兩側而非傳動軸上方，讓蘭吉亞Lambda的車身高度得以降低。

1924 伊索塔弗拉西尼
Isotta Fraschini Tipo 8A

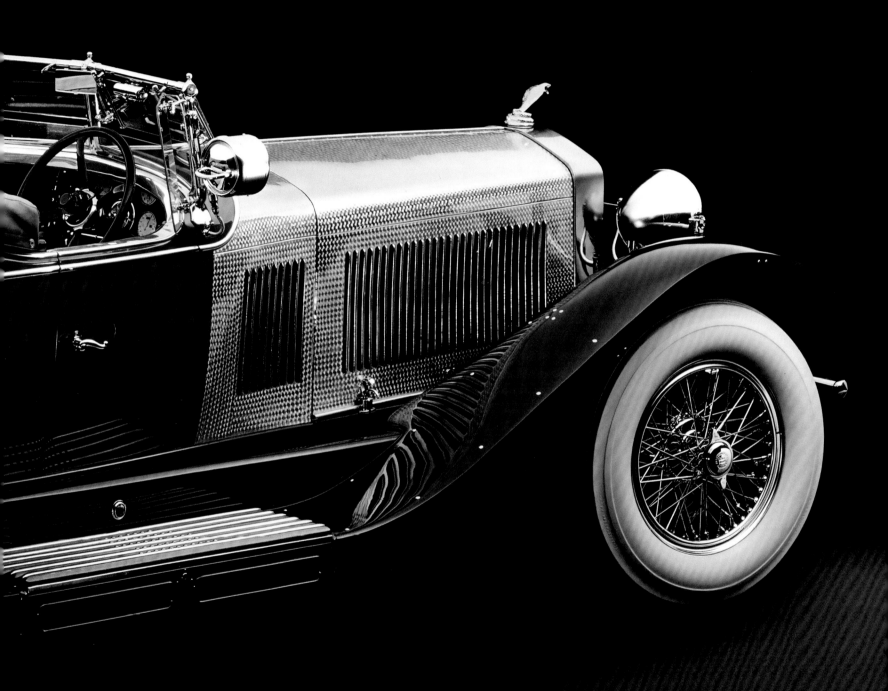

　　伊索塔弗拉西尼Tipo 8A生產於1924到1931年間，配備了號稱當時世界上最強勁的直列八缸引擎，擁有巨大的7370cc排氣量。它的最大特色是現代的傳動系統與單凸輪軸引擎（非傳統的側置氣門引擎），每汽缸雙氣門，馬力至少135hp，極速可達145km/h以上。豐沛的引擎排氣量不但能把這部車推到極速，也能讓它以6km/h的速度如蝸牛般徐行——而且是用三檔。與大多數競爭者相同的是，這輛義大利轎車並非以成車出售，僅以車架加引擎出售，把打造車身的艱難任務與隨之而來美譽，歸於車身製造商。其中最早一家是義大利車身製造商卡斯塔納（Castagna），在1929年打造出1950年電影《紅樓金粉》（Sunset Boulevard）中亮相的轎車，它的優美造型與精雕細琢也經常為人推崇。煞車系統就1920年代來說尤其超越了時代，以四個真空倍力器輔助的煞車，滿足了駕駛在高速中煞車的需求，另外三速變速箱位於引擎室。伊索塔弗拉西尼是義大利歷來價格最高的汽車，考量通貨膨脹，換算現今的價格遠超過數十萬美元。

24-25—伊索塔弗拉西尼Tipo 8A以雙門轎跑車的外型現身，由義大利的車身製造商卡斯塔納所打造，配備最強大的直列八缸引擎，排氣量7370cc，在2600 rpm爆發出紮實的135 hp馬力。

26-27與28—水箱罩中央與散熱器上方的廠徽，含蓄地指出這家車廠在1920年由凱薩·伊索塔（Cesare Isotta）以及溫憲佐（Vincenzo）、奧雷斯泰（Oreste）及安東尼奧·弗拉西尼（Antonio Fraschini）兄弟所創立。

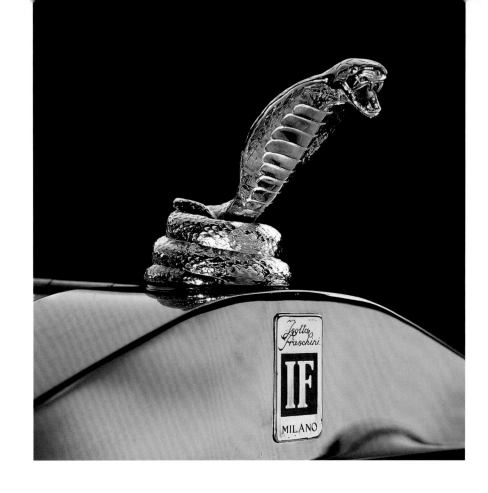

29—伊索塔弗拉西尼Tipo 8A以四個真空倍力器輔助的煞車系統，在1920年代來說非常先進。

規格表

引擎

配置	前方縱置
汽缸	直列八缸
缸徑X衝程	95.0 X 130.0 MM
引擎排氣量	7,370 CC
最大馬力	135 HP（2,600 RPM）
最大扭力	---
氣門機構	單頂置氣門
氣門數	每汽缸二氣門
供油系統	ZENITH雙管化油器
冷卻系統	水冷

傳動系統

傳動方式	後輪
離合器	乾式多片
變速箱	3速手排+倒檔

底盤

車身形式	魚雷式
車架	鋼製梯形車架
前端	梁式車軸、縱向板片彈簧、HARTFORD摩擦式避震器
後端	梁式車軸、縱向板片彈簧、HARTFORD摩擦式避震器

轉向系統	蝸桿與扇形齒輪
前 / 後煞車	鼓式
車輪	508 MM木輻輪與6.00 X 20前後胎

尺寸與重量

軸距	3,698 MM
前 / 後輪距	1,422/1,422 MM
長	5,029 MM
寬	---
高	---
重	1,524 KG
油箱容量	90 L

性能

極速	145 KM/H
加速0–100 KM/H	---
重量 / 馬力比	11.29 KG/HP

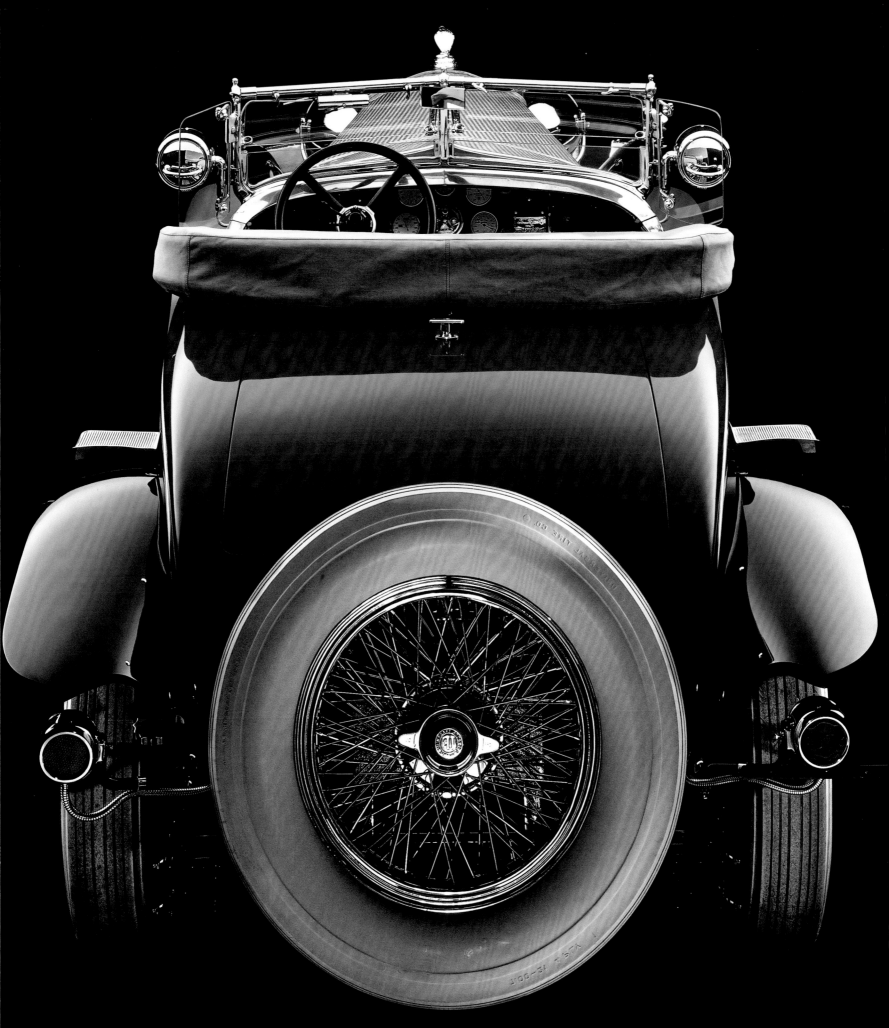

1925 勞斯萊斯
Rolls-Royce Phantom I

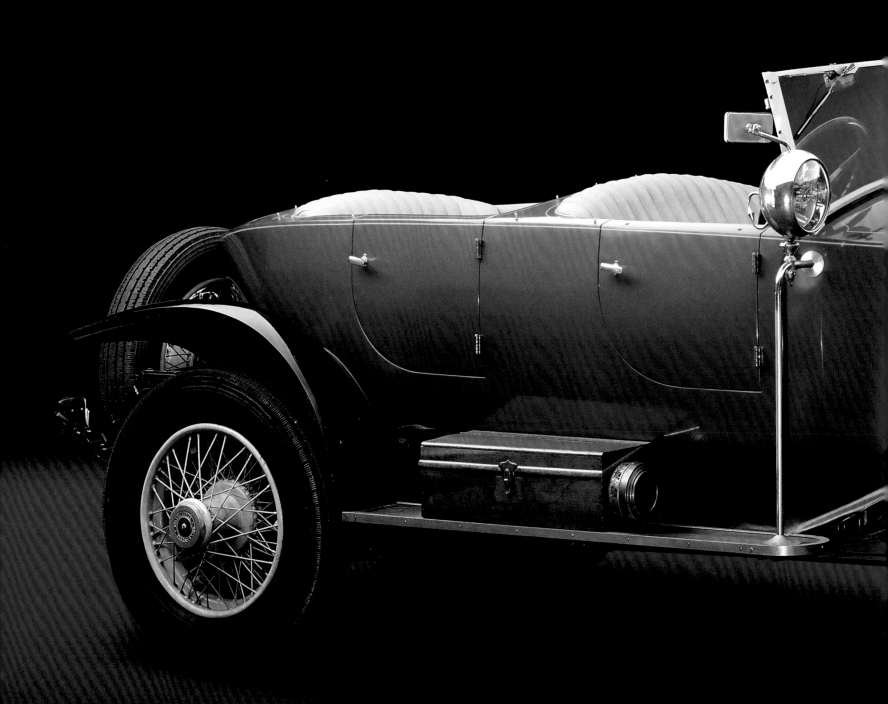

大名鼎鼎的Phantom已經成為全球車壇傳奇，它是勞斯萊斯經典Silver　Ghost的後繼車款，這輛英國車可以從它的單凸輪軸與頂置氣門（而非側置氣門）直列六缸引擎來與前一代區別。這具7668cc引擎最大的特色在於非單體結構，而依慣例採直列式的兩個汽缸組，每組各三汽缸。這種「老式」設計在進入30年代就被淘汰了。畢竟在早期，勞斯萊斯本來就以精緻的陳設、高級的內裝聞名，而不是靠車上的前衛科技，例如真空輔助煞車，這項技術並非勞斯萊斯自行研發，是外購自西班牙製造商希斯帕諾─蘇莎（Hispano-Suiza）。Phantom I的生產期間為1925至1931年，除在英格蘭的德比（Derby），也在美國麻州的春田（Springfield）製造。其中在美國生產的這輛「英國車」，軸距是較長的3823mm，而非原本的3721mm，它的手排變速箱也有所不同，由三速改為四速。在被第二代的Phantom取代前共生產了超過3500輛。

30-31—1925年勞斯萊斯Phantom I，限量的Torpedo Tourer版本，動力來自7668cc直列六缸引擎，動力為108hp。

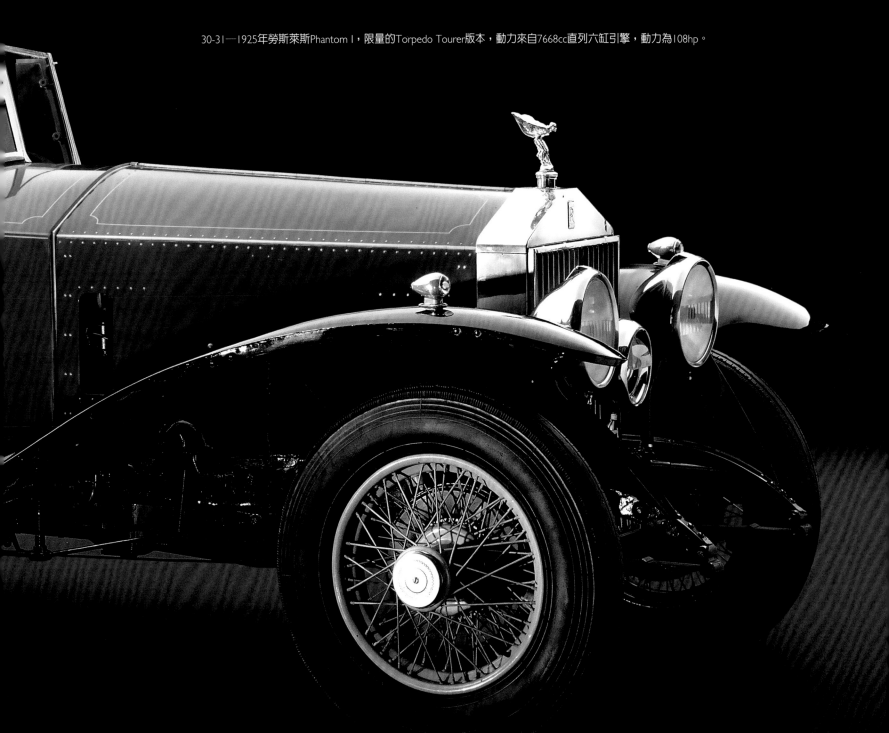

規格表

引擎

配置	前方縱置
汽缸	直列六缸
缸徑X衝程	107.9 X 139.7 MM
引擎排氣量	7,668 CC
最大馬力	108 HP（2,300 RPM）
最大扭力	---
氣門機構	頂置氣門
氣門數	每汽缸二氣門
供油系統	單具勞斯萊斯化油器
冷卻系統	水冷

傳動系統

傳動方式	後輪
離合器	乾式單片離合器
變速箱	4速手排+倒檔

底盤

車身形式	轎車
車架	鋼製梯形車架
前端	梁式車軸、縱置板片彈簧、摩擦式避震器
後端	梁式車軸、懸臂彈簧、摩擦式避震器
轉向系統	蝸桿曲柄銷式轉向
前／後煞車	鼓式
車輪	533.4 MM有輻輪與7.00 X 21前後胎

尺寸與重量

軸距	3,823 MM
前／後輪距	1,473/1,473 MM
長	5,563 MM
寬	1,829 MM
高	---
重	1,814 KG（僅車架）
油箱容量	68 L

性能

極速	145 KM/H
加速0–100 KM/H	---
重量／馬力比	16.80 KG/HP

32-33—Phantom I生產期間自1925至1931年，除了在英格蘭的德比，也在美國麻州的春田市製造——美國版的軸距較長。

規格表

引擎

配置	前方縱置
汽缸	V型八缸（夾角90°）
缸徑X衝程	80.0 X 125.0 MM
引擎排氣量	4,965 CC
最大馬力	80 HP（2,800 RPM）
最大扭力	---
氣門機構	側置氣門、單凸輪軸
氣門數	每汽缸二氣門
供油系統	拉薩爾化油器
冷卻系統	水冷

傳動系統

傳動方式	後輪
離合器	乾式多片
變速箱	3速手排+倒檔

底盤

車身形式	魚雷式
車架	鋼製梯形車架
前端	梁式車軸、縱向板片彈簧、胡戴液壓避震器
後端	梁式車軸、縱向板片彈簧、胡戴液壓避震器

轉向系統

轉向系統	蝸桿與扇形齒輪
前／後煞車	鼓式
車輪	508 MM木輻輪與6.00 X 20前後胎

尺寸與重量

軸距	128.0 IN (3,251 MM)
前／後輪距	56.0/56.0 IN (1,422/1,422 MM)
長	依車主要求訂製
寬	依車主要求訂製
高	依車主要求訂製
重	1,140 KG
油箱容量	76 L

性能

極速	150 KM/H
加速0-100 KM/H	---
重量／馬力比	14.25 KG/HP

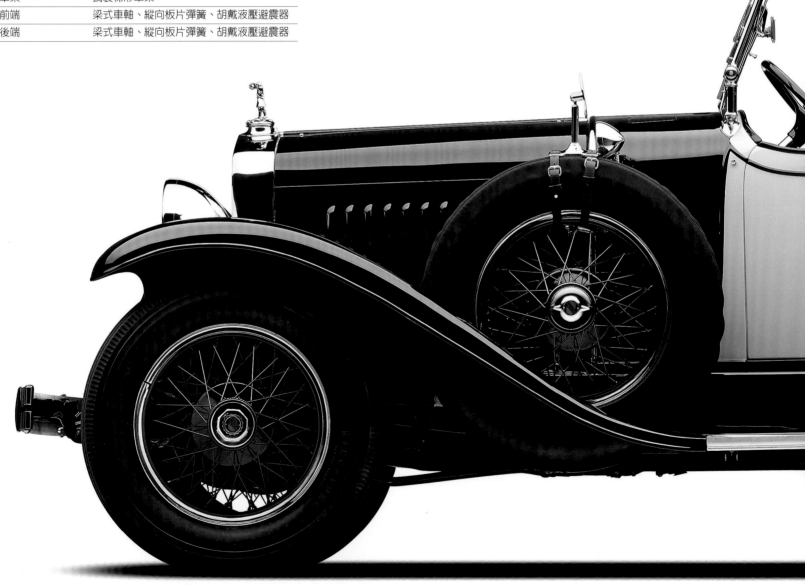

1927 拉薩爾
LaSalle 303 Roadster

拉薩爾屬於通用汽車旗下的凱迪拉克品牌，在1920年代末創立，希望在大蕭條期間搶占市場。雖然凱迪拉克的豪華大車銷售遭遇阻礙，但比較小巧也更經濟的拉薩爾卻享有一段時間的銷售榮景。在通用汽車王國中，優雅且精緻的拉薩爾與其他高級品牌及車型相比毫不遜色。這些運動化的車輛贏得了美國收藏家的歡心，加上它的車身是由知名的車身製造商打造，還有4965cc的V型八缸汽油引擎，能夠在2800rpm時產生80hp的動力。這個數據也許不算出色，但是搭配上齒比特別疏鬆的變速箱，曾經讓一輛原型車在通用汽車的測試跑道以平均150km/h行駛了超過1500公里。這個成績接近在1927年印第安納波利斯500大賽（Indianapolis 500）中勝出的杜森伯格（Duesenberg）汽車。也因此，拉薩爾303 Roadster配有四輪鼓式煞車，超越當時僅在後輪安裝的主流規格。不過車身外型倒是符合當時潮流喜好，內裝幾乎完全以皮革包覆，覆以軟頂棚，這也是一次世界大戰後跑車的最主要特徵。此外它的雙色車身在當時相當有新鮮感。

34-35—1927年的拉薩爾303 Roadster在密西根州密爾福（Milford）進行的耐久測試中，十小時奔馳了1530公里，平均時速153公里，在當時相當讓人佩服。

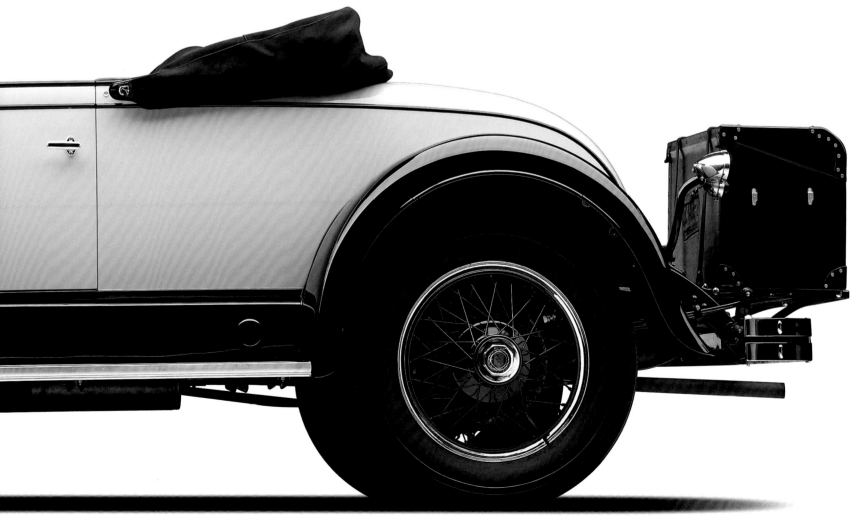

1928 杜森伯格
Duesenberg Model J

36-37─這輛杜森伯格Model J敞篷車，車身來自巴黎專精於打造車身的法內（Franay），配備6882cc直列八缸汽油引擎，由美國公司萊康明製造，能爆發出265 hp馬力。

38-39─圖中的1928年杜森伯格Model J在1930年代是代表好萊塢巨星的車款，車身為雙車蓬的敞篷形式。

美國廠牌杜森伯格創立於1913年，它的創生是為了抗衡歐洲製造商如希斯帕諾—蘇莎（Hispano-Suiza）、伊索塔弗拉西尼（Isotta-Fraschini）、賓士與勞斯萊斯，並締造出汽車中奢華與精緻美感的極致表現。在加入寇德集團後，杜森伯格推出了J系列，這個車款展現該廠牌打造的極致尊榮。它在1928至1937年間共生產了453輛，是當時好萊塢巨星愛用的車款。從機械上來看它不折不扣是傳統的經典之作。車身置於車架，底盤為梁式車軸、縱置板片彈簧搭配胡戴（Houdaille）液壓避震器。另一項特殊配備是懸吊組件具備了潤滑系統，每行駛150公里就會自行啟動。軸距有3.90和3.62公尺兩個版本，6882cc直列八缸汽油引擎，由同屬於寇德集團的美國公司萊康明（Lycoming）製造，能爆發出265 hp馬力，部分原因在於利用了當時先進的頂置式雙凸輪軸及每汽缸四氣門的機構。杜森伯格依照當時的慣例，僅生產車架與動力總成，再由車身製造廠打造每一輛車的車身。1932年推出機械增壓版本，稱作SJ，馬力320 hp，極速225 km/h。

40—杜森伯格Model J是奢華與1930年代細緻工藝的極致表現，採用優異的材料，細節精雕細琢。

41—杜森伯格Model J在機械上也是當時的高科技車款，先進的引擎採頂置式雙凸輪軸，每汽缸四氣門。

規格表

引擎

配置	前方縱置
汽缸	直列八缸
缸徑X衝程	95.2 X 120.6 MM
引擎排氣量	6,882 CC
最大馬力	265 HP（4,250 RPM）
最大扭力	51.8 KGM（2,000 RPM）
氣門機構	頂置式雙凸輪軸
氣門數	每汽缸4氣門
供油	單具SCHLEBER化油器
冷卻系統	水冷

傳動系統

傳動方式	後輪
離合器	乾式多片
變速箱	三速手排+倒檔

底盤

車身形式	魚雷式
車架	鋼製梯形車架
前端	梁式車軸、縱置板片彈簧、胡戴液壓避震器
後端	梁式車軸、縱置板片彈簧、胡戴液壓避震器
轉向系統	蝸桿曲柄銷式轉向

前／後煞車	鼓式，直徑381 MM
車輪	482.6 MM有輻輪與7.00 X 19前後胎

尺寸與重量

軸距	3,900/3,620 MM
前／後輪距	1,423/1,423 MM
長	5,380 MM
寬	1,850 MM
高	1,770 MM
重	2,476/2,390 KG
油箱容量	115 L

性能

極速	192 KM/H
加速0-100 KM/H	13.5秒
重量／馬力比	9.34/9.02 KG/HP

1928 賓士
Mercedes-Benz Typ SSK

這輛車屬於W06系列，卻與同系列其他車款少有共同點，因為創造這輛車的目標很單純，那就是在專為道路用車舉辦的登山賽中贏得勝利。它的操控在漫長的蜿蜒道路上無比靈活，與同系列主要車款Typ S（代表Sport，運動化）以及SS（Super Sport，超級運動化）差異非常大，SSK是（Super Sport Kurz）的縮寫，Kurz是德文「短」的意思。SSK的軸距短了48公分，參賽車的重量甚至可以減輕到不足500公斤。結構的設計與改裝由斐迪南‧保時捷（Ferdinand Porsche）親自操刀，他當時是賓士的技術總監（1931年才創立以他自己為名的汽車公司）。SSK沒多久就取得成功，強大的引擎是原因之一。這具直列六缸7065cc渦輪增壓汽油引擎採單凸輪軸，每汽缸二氣門，最高爆發300hp馬力以及57.3kgm的扭力，相當強大，是當時極致工藝的展現。時速超過188km/h，在1920年代足以將SSK推上最速汽車的王座。它一共只生產了不到40輛，留存至今者更是非常稀少，它的價格在本書撰寫時最高達700萬美元。

42-43─1928年的賓士Typ SSK，由斐迪南‧保時捷（Ferdinand Porsche）親自設計，他當時擔任賓士的技術總監。

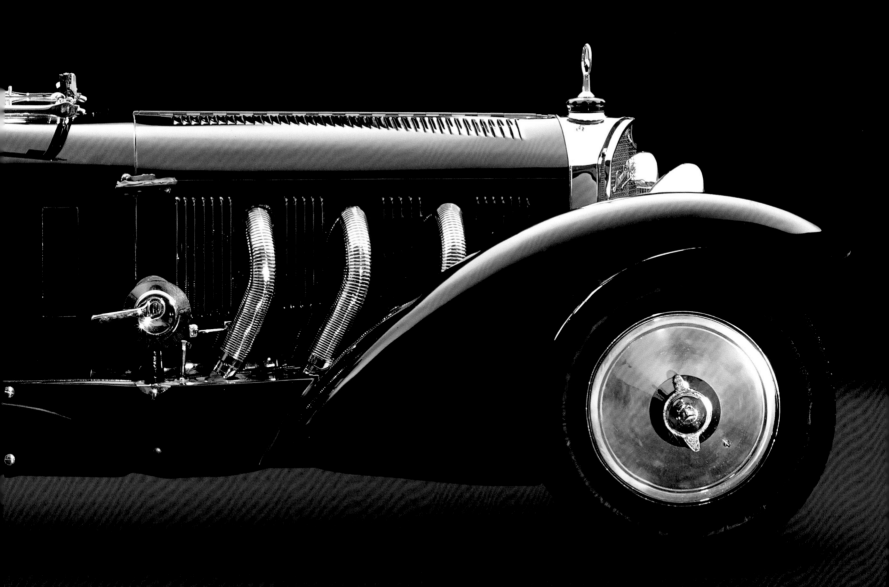

規格表

引擎

配置	前方縱置
汽缸	直列六缸
缸徑X衝程	100.0 X 150.0 MM
引擎排氣量	7,065 CC
最大馬力	300 HP（3,300 RPM）
最大扭力	57.3 KGM（1,900 RPM起）
氣門機構	頂置式單凸輪軸
氣門數	每汽缸二氣門
供油系統	雙具賓士化油器
冷卻系統	水冷

傳動系統

傳動方式	後輪
離合器	乾式多片
變速箱	四速手排+倒檔

底盤

車身	雙座敞篷跑車
車架	鋼管車身搭配車架
前端	梁式車軸、縱置板片彈簧、胡戴液壓避震器
後端	梁式車軸、縱置板片彈簧、胡戴液壓避震器
轉向系統	蝸輪和蝸桿
前／後煞車	鼓式
車輪	508 MM有輻輪與6.50 X 20前後胎

尺寸與重量

軸距	2,949 MM
前／後輪距	1,425/1,425 MM
長	4,250 MM
寬	1,700 MM
高	1,730 MM
重	1,700 KG
油箱容量	120 L

性能

極速	188 KM/H
加速0-100 KM/H	>14秒
重量／馬力比	5.67 KG/HP

44-45—賓士Typ SSK經過輕量化，目的在贏得專為道路用車舉辦的登山賽，直列六缸7065cc渦輪增壓引擎採單凸輪軸，每汽缸二氣門，最高馬力300 hp，極速將近190km/h。

1929 寇德
Cord L-29

　　L-29是寇德廠牌初試啼聲的車型，也是美國第一輛大量生產的前輪驅動車，在1920年代是劃時代創舉，這項設計讓工程師得以讓車輛維持低重心，前後輪配重也得以保持在接近50比50的理想比例。這項設計也讓增加結構強度的X型車架得以實現，當時在這方面它僅遜於擁有革命性單體結構的蘭吉雅Lambda。這輛開創性的寇德汽車運用了參加印第安納波利斯500大賽的前輪驅動系統，以萊康明公司製造的側置氣門直列八缸4934cc引擎為動力，這部引擎先前已經用於奧本（Auburn）120，源自飛機引擎，置放方式經過轉向以搭配前輪驅動系統，並讓離合器與三速變速箱置於引擎本體前方。整部車有曼妙的柔和曲線，異於當時以方正簡潔為主的造型。可惜較笨重，移動相當緩慢。在1939年的經濟危機中遭遇銷售困難，停產之前L-29僅生產了5010輛。

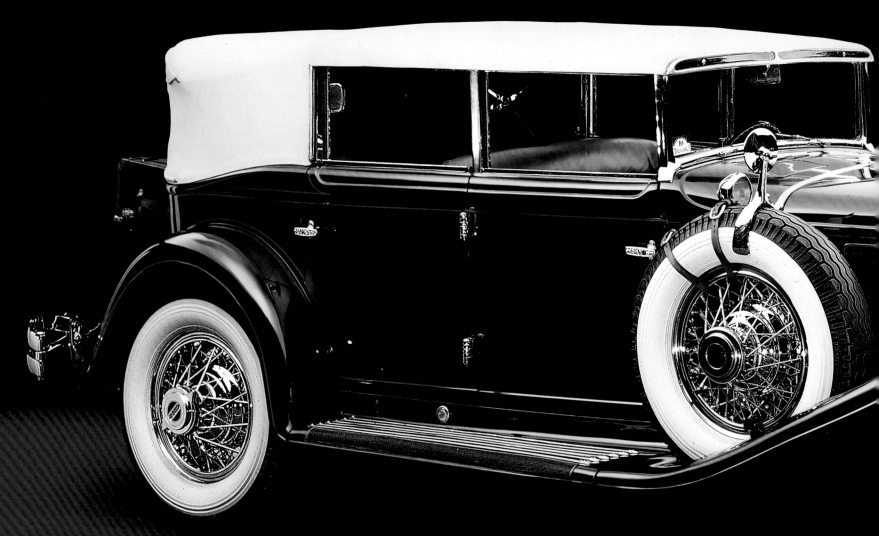

引擎

配置	前方縱置
汽缸	直列八缸
缸徑X衝程	83.0 X 114.0 MM
引擎排氣量	4,934 CC
最大馬力	125 HP（3,400 RPM）
最大扭力	---
氣門機構	單側置凸輪軸
氣門數	每汽缸二氣門
供油系統	單具SCHEBLER化油器
冷卻系統	水冷

傳動系統

傳動方式	前輪
離合器	乾式單片離合器
變速箱	3速手排+倒檔

底盤

車身形式	雙門轎跑車／魚雷式
車架	X車架

前端	狄迪翁梁式車軸（DE DION BEAM AXLE）、縱置版片彈簧、胡戴液壓避震器
後端	梁式車軸、縱置板片彈簧、胡戴液壓避震器
轉向系統	蝸輪和蝸桿
前／後煞車	鼓式，直徑305 MM/ 356 MM
車輪	輪圈與7.00 X 18前後胎

尺寸與重量

軸距	3,493 MM
前／後輪距	1,473/1,524 MM
長	>5,000 MM
寬	>2,000 MM
高	---
重	2,041 KG（轎跑車）
油箱容量	76 L

性能

極速	124 KM/H
加速0-100 KM/H	20.1秒
重量／馬力比	16.33 KG/HP（轎跑車）

46-47—1929年的寇德L-29以「無邊」的引擎蓋以及V型水箱護罩為特色，在當時是新造型。

1930與1940年代：黃金年代

在這段汽車史上最輝煌、創造力最旺盛的二十年，
關鍵詞是奢華與力量。

　　當時的人跳著查爾斯頓舞，熱愛正當紅的爵士樂。美學風格從新藝術（Art Nouveau）進入裝飾藝術（Art Deco）。女人不單單裙子變短了，在原本傳統上專屬於男人的領域，也看得到女性的身影。這是「咆哮的20年代」，為下一個十年的經濟挑戰奏出序曲。在當時，有一門科學過去幾乎完全應用在航空業，如今第一次運用在大批生產的車輛上，那就是空氣動力學。這項研究空氣動態以及空氣如何與物體發生交互作用的科學，最終將成為改善汽車性能與操控的重要環節。寇德L-29在1929年就嗅到了這股趨勢，車身柔和的曲線，有別於戰後以方正簡潔為主的造型。1936年，具未來感的BMW 328達到了這個風格的最高境界——它極致精巧又流線的造型，讓當時的汽車記者瞠目結舌，透過招牌的水滴型的車身呈現素材之美，這是車身製造商費高尼與法拉斯奇最引以為傲的作品。

　　一切似乎都在好轉，但是有兩個大黑洞吸盡了當時所有的能量與年輕活力。首先是1929年的大蕭條摧毀了黃金年代的天之驕子、企業大亨、豪華遊輪、奢華的派對，以及夢幻汽車，影響餘波盪漾，在1930年代初尤其嚴重；然後是第二次世界大戰。但在這兩大劇變之間，卻是汽車史上最閃耀、最無後顧之憂的時期。獨樹一格、令人驚豔的汽車，無論是在科技面或是設計美學上，都與過去迥然不同。看看出眾的1930年凱迪拉克V16，全世界第一部量產的V型16缸引擎，華麗且線條迷人，有多達33種不同的車體造型可以選擇。同樣精雕細琢的還有以布加迪Royale為靈感的1932年希斯帕諾─蘇莎J12，這輛車特出之處在於延續了品牌一貫的實驗精神，展現一系列機械上的創新。碩大的V型12缸引擎在引擎蓋下方搏動，源自飛機引擎，而這家來自伊比利半島的車廠在第一次世界大戰時就是以製造飛機起家。這具引擎的曲軸箱與汽缸頭都整合在引擎本體，且每汽缸用兩顆火星塞點火，使性能得以強化，展現高超的工藝水準。

　　無論是傳奇車款，豪華車款，還是展現肌肉與個性的車款，汽車成為最顯而易見的成功表徵，例如小羅斯福總統的座車1932年敞篷版林肯（Lincoln）KB，或是希特勒最愛的賓士540K Roadster。汽車最重要的意義成了克服重重困難、登上社會最高階層的成功象徵。汽車比以往任何時期，更加大剌剌地展現一個人的社會地位。癭木、皮革、象牙和桃花心木飾板成為富裕的象徵，但這一切都將被戰爭抹滅，或至少回歸到較平實的程度。不過無論是在戰前或戰後，「舒適」是不變的必要條件。半自動變速箱就是在此時問世，手排變速箱也加上超比系統，增加的檔位能提高終傳比。科技不斷進步，賓士540K Roadster採用了獨立懸吊，前輪為雙A臂，後輪為擺動車軸，搭配螺旋彈簧與套筒伸縮式避震器。這是重大的革新，足以匹配先進許多的汽車，讓梁式車軸與板片彈簧瞬間走入歷史。

　　喜好改變了，變得更有品味，想要追求過去無法想像的美學突破。這段時期出現了幾項特別具有原創性的解決方案，讓設計更有發揮空間，例如「浮筒」式的葉子板，也就是使葉子板與車身整合為一體，還有隱藏式頭燈，這個設計在20年後又會再度風行。另外還有船式車尾，形狀讓人想起上下顛倒的船首。來自航空與航海的影響愈來愈顯著，有一個信念在背後推波助瀾，那就是相信奢華感具有超越產業分類的共通風格語言。各大車體製造廠如霞普龍（Chapron）、薩歐奇科（Saoutchik）、普爾圖（Pourtout）、費高尼與法拉斯奇、薩加托（Zagato）、賓尼法利納（Pininfarina）、圖靈（Touring）以及卡斯塔納，在這20年間紛紛打造出線條最迷人的車身，並延續1920年代的傳統，由汽車廠生產引擎與底盤，把車輛的外型特徵留給車身製造商決定。這20年的榮景最後被戰爭給撲滅了。由於工廠轉為戰時用途，汽車生產也告中止，一切都停滯不前。汽車的演進暫停，等待戰火中的世界重歸和平。

規格表

引擎

配置	前方縱置
汽缸	V16（夾角45°）
缸徑X衝程	76.2 X 101.6 MM
引擎排氣量	7,413 CC
最大馬力	175 HP（3,400 RPM）
最大扭力	44.0 KGM（1,400 RPM）
氣門機構	頂置氣門
氣門數	每汽缸二氣門
供油系統	雙具凱迪拉克化油器
冷卻系統	水冷

傳動系統

傳動方式	後輪
離合器	乾式單片離合器
變速箱	三速手排+倒檔

底盤

車身形式	轎車／敞篷車／雙座敞篷跑車
車架	鋼製梯形車架
前端	梁式車軸、縱置版片彈簧、液壓避震器
後端	梁式車軸、縱置版片彈簧、液壓避震器

轉向系統

轉向系統	蝸桿與扇形齒輪
前／後煞車	鼓式
車輪	482.6 MM有輻輪與7.50 X 19前後胎

尺寸與重量

軸距	3,759 MM
前／後輪距	1,454/1,511 MM
長	5,652MM
寬	1,890 MM
高	---
重	2,812 至3,000 KG
油箱容量	95 L

性能

極速	145 KM/H
加速0-100 KM/H	> 24.0秒
重量／馬力比	16.07至17.14 KG/HP

50-51—1930年的凱迪拉克V16，也稱作Sixteen，可選擇轎車、敞篷車與雙座敞篷跑車等不同車身，照片中為限定版的Special Phaeton。

1930凱迪拉克
Cadillac V16

　　這是一部完全出人意表的汽車。這輛美國豪華轎車搭配全世界第一具專門打造的V型16缸引擎，有人暱稱它為The Sixteen，凱迪拉克一方面用它來和帕卡德（Packard）車廠的V12抗衡，另一方面也是想要提供富豪一輛速度快又舒適的獨特座駕。這部龐然大物（是當時美國生產的最大汽車）長度超過5.6公尺，重量將近3000公斤。一輛Sixteen成車，可以從數十種豪華車體規格中特別訂製。它的V16引擎基本上是兩具別克（Buick）直列八缸引擎共用曲軸合併而成，175 hp的出力有些溫馴（1934年開始為185hp），極速145 km/h，但是扭力強勁，1400 rpm就有44.0 kgm，雖然只有三速變速箱，加速到100km/h相當輕快。不過在骨子裡，車架仍舊維持最傳統的配置，前後端皆為梁式車軸、板片彈簧及油壓避震器。1938年，第二個系列誕生，稱為90，引擎的汽缸夾角變大，從原本的45度增加到135度，並採用側置氣門而非頂置。引擎出力185hp，接近性能較佳但較舊的452系列。

1932 希斯帕諾—蘇莎
Hispano-Suiza J12

J12是早在1919年就開始銷售的H6的後繼車款，目標是回應勞斯萊斯與邁巴赫（Maybach）在豪華車市場的進擊。這家西班牙車廠並非重新設計一輛車，而是以布加迪Royale為藍圖。儘管如此，它依然維持了這個品牌典型的創新精神，在這輛車上展現一系列新的機械設計。J12又稱為Type 68，有四種不同軸距的版本。引擎蓋下是一具9425cc的V型12 缸引擎，能發出220hp馬力與56.1kgm的扭力，可輕鬆加速到160 km/h以上，它的身世可以追溯到一次世界大戰的航空

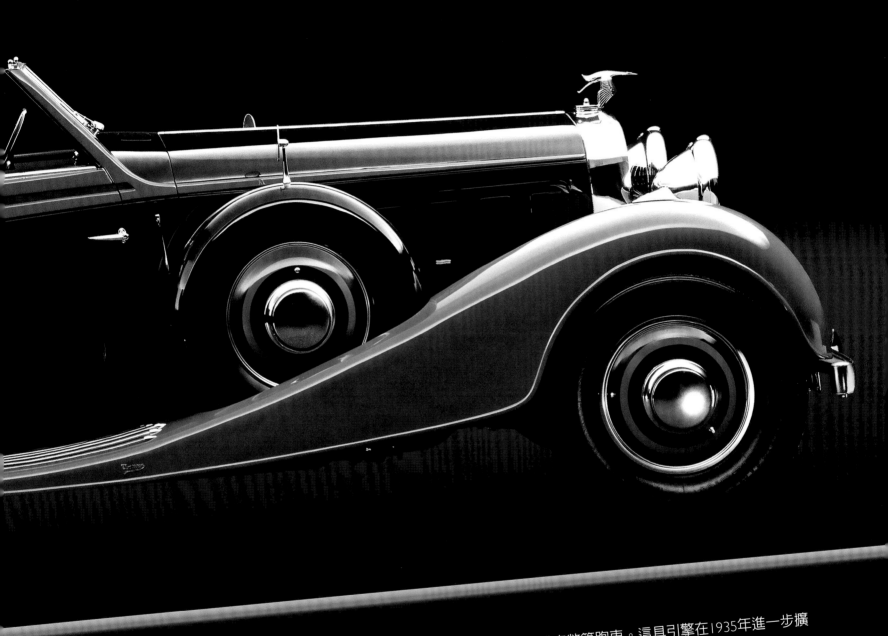

引擎,採用單凸輪軸的頂置氣門,每汽缸兩氣門。

　　在懸吊系統上,前後端都採用梁式車軸與板片彈簧,以及可以在駕駛座上調整的摩擦式避震器。這輛車有幾種不同的車架與引擎組合,再由當時的車身製造商打造外型,包括轎車、敞篷車或雙座敞篷跑車。這具引擎在1935年進一步擴增到1萬1310cc。

52-53—在1930年代的豪華轎車市場，希斯帕諾—蘇莎J12是精緻的勞斯萊斯以及邁巴赫的直接競爭對手。

54-55—希斯帕諾—蘇莎J12的線條以布加迪Royale為藍本，配備9425 cc的V12 引擎，能爆發220hp馬力以及56.1 kgm的扭力。

56-57—這輛車提供幾種不同的車架與引擎組合，再由當時的車身製造商打造外型，包括加長型轎車、敞篷車或雙座敞篷跑車。

傳動系統

傳動方式	後輪
離合器	乾式單片離合器
變速箱	3速手排+倒檔

底盤

車身形式	雙門轎跑車 / 敞篷車 / 轎車 / 雙座敞篷跑車
車架	鋼製車身搭配車架
前端	梁式車軸、縱置板片彈簧、摩擦式避震器
後端	梁式車軸、縱置板片彈簧、摩擦式避震器

性能

極速	160 KM/H
加速0-100 KM/H	12.5至14.3秒
重量 / 馬力比	9.09至10.0 KG/HP

1932奥本
Auburn V12
Boattail Speedster

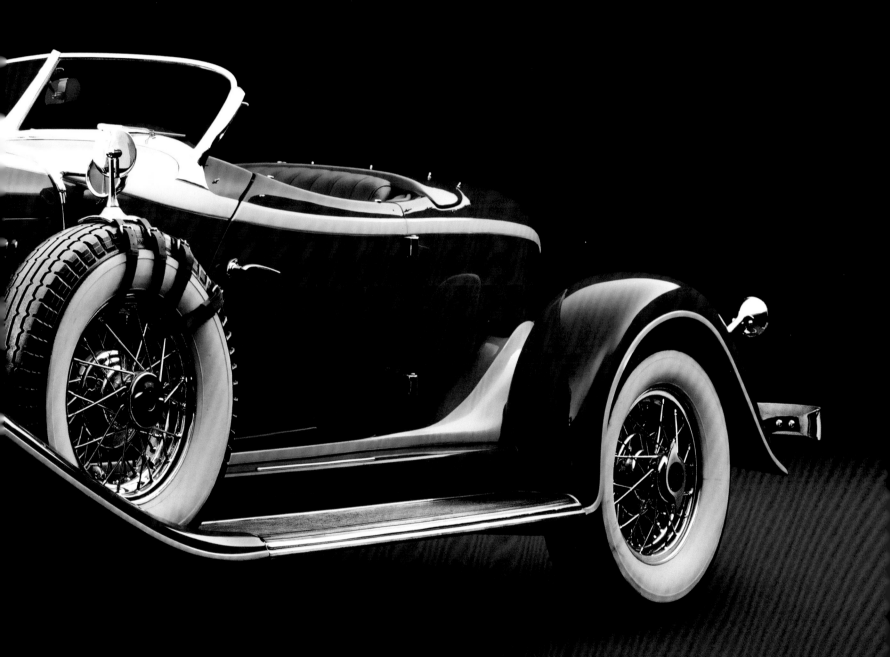

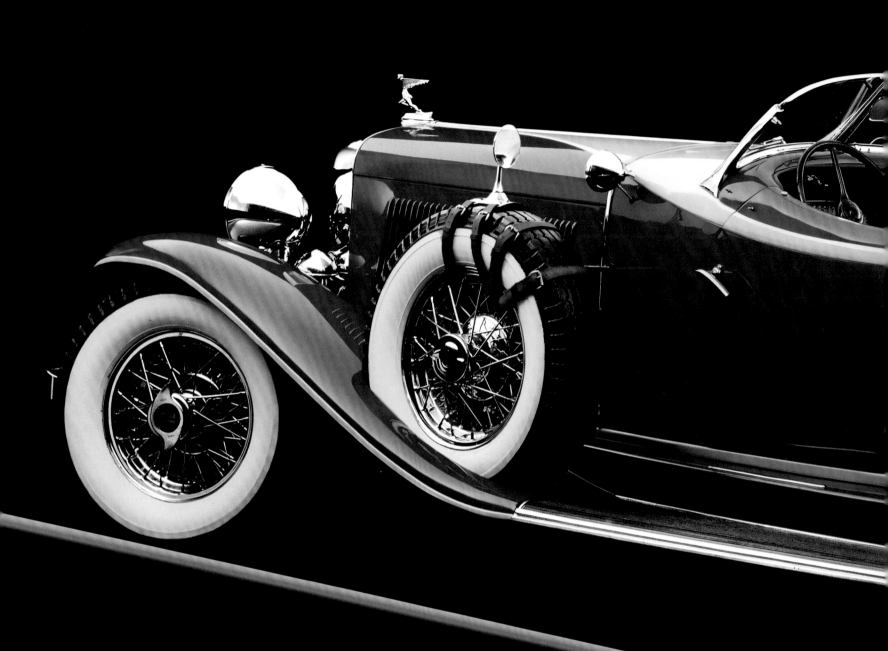

大膽、特出、豪華，奧本V12 Boattail Speedster是當年好萊塢明星的愛用車款之一，引擎強勁、細節精緻、造型霸氣。它的車尾線條看上去讓人聯想到船首，在1930年代非常時髦。奧本815是寇德集團旗下的這家印第安納車廠最成功的車款，而奧本V12 Boattail Speedster是851的前代車款。動力來自萊康明製造的V型12缸單凸輪軸側置氣門引擎，每汽缸兩氣門，排氣量6407cc，這具龐然大物在3200 rpm能產生160hp馬力，極速超過160km/h，締造了許多賽車紀錄。雖然性能卓越，但在大蕭條期間銷售不佳，沒多久就停產，1935年被較便宜又輕巧的直列八缸車款851所取代。能夠從方向盤控制超比檔是這輛V型12缸雙座敞篷車在技術上的最大特色，增加終傳比讓這輛車的變速箱實際上有四個前進檔位。儘管標準的三速檔位齒輪比特別緊密，但這項巧思能完全釋放引擎的潛力。同樣精密的還有可調式液壓避震器與液壓輔助鼓式煞車，揚棄機械性能較差的設計。V12只生產了14輛，當時的價格若換算到今日，一輛要價超過62萬5600美元。

58-59—1932年的奧本V12 Boattail Speedster是當年好萊塢巨星的愛車之一，因為引擎有力、細節精緻、造型霸氣。

60-61—V型12缸的Boattail Speedster極速超過160km/h，得力於6407cc V型12缸萊康明引擎，能產生160hp馬力。

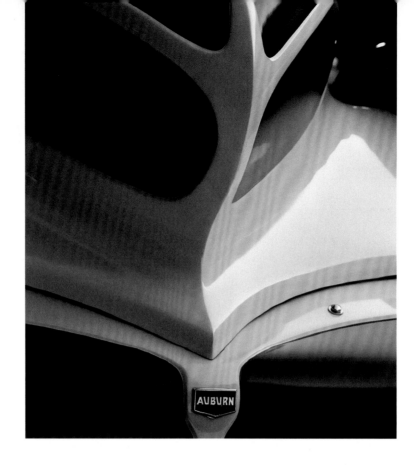

62—奧本V12 Boattail Speedster眾多搶眼的特色之一在於往後收的尖車尾，這項設計讓人聯想到船首的形狀。

63—奧本V12 Boattail Speedster水箱罩上方的塑像，1930年代的汽車製造商非常喜好「飛行中的女子」，這類造型當時廣為採用。

規格表

引擎

配置	前方縱置
汽缸	V型12缸（夾角45°）
缸徑X衝程	80.0 X 108.0 MM
引擎排氣量	6,407 CC
最大馬力	160 HP（3,200 RPM）
最大扭力	---
氣門機構	側置氣門，單凸輪軸
氣門數	每汽缸二氣門
供油系統	兩具STROMBERG化油器
冷卻系統	水冷

傳動系統

傳動方式	後輪
離合器	乾式單片離合器
變速箱	3速手排+倒檔

底盤

車身形式	雙座敞篷跑車
車架	鋼製梯形車架
前端	梁式車軸、縱向板片彈簧、液壓避震器
後端	梁式車軸、縱向板片彈簧、液壓避震器

轉向系統	蝸桿與扇形齒輪
前／後煞車	鼓式
車輪	有輻輪（406.4 MM）與6.50 X 16前後胎

尺寸與重量

軸距	3,454 MM
前／後輪距	1,490/1,580 MM
長	4,956 MM
寬	1,831 MM
高	1,479 MM
重	1,712 KG
油箱容量	---

性能

極速	160 KM/H
加速0-100 KM/H	---
重量／馬力比	10.7 KG/HP

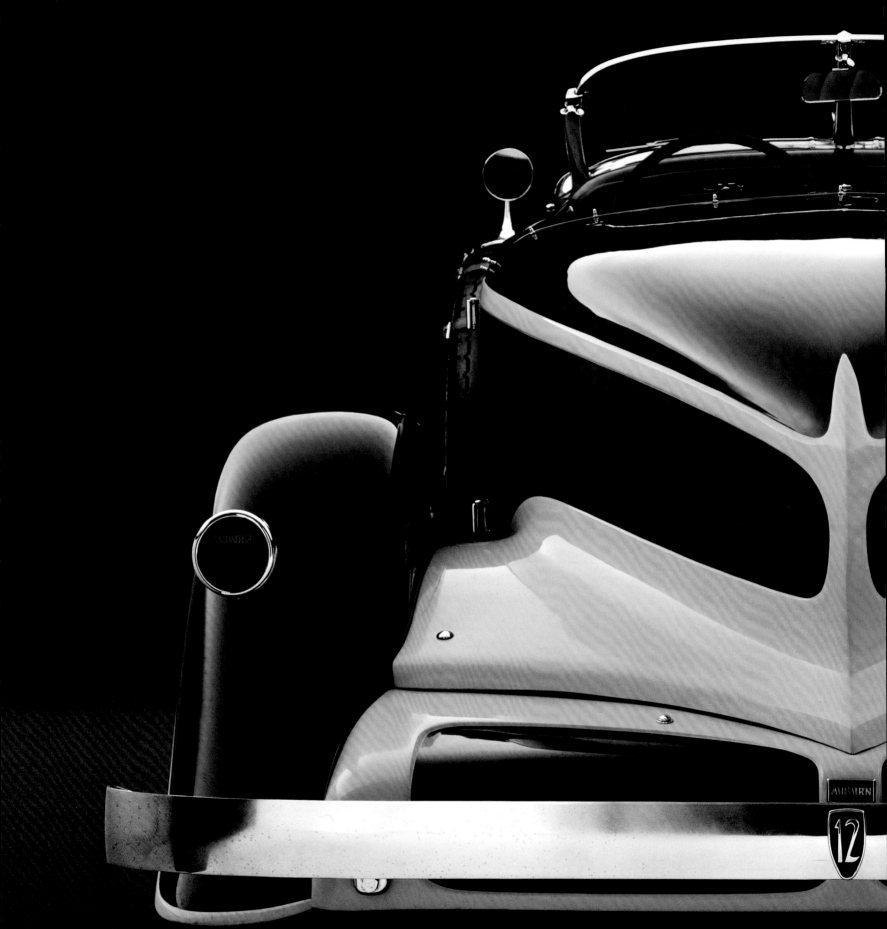

64-65—獨特的線條，再加上總共只生產了14輛，若換算成今日的價格，一輛奧本V12 Boattail Speedster要價超過62萬5600美元。

生產於1931至1939年間的K系列，屬於福特車廠旗下的豪華車品牌林肯（Lincoln），以無懈可擊的優雅風格，生產末期的敞篷版本獲選為小羅斯福總統的座車。KB車型由原本的KA車型演進而來，從前款6306cc的V型八缸引擎改為配備V型12缸引擎，夾角是狹窄的65°，排氣量7341cc，採單凸輪軸與側置的每汽缸二氣門，這具引擎直到1934年才停止生產，改以6784cc的V型12缸取代，目標也是用於KA系列，因此這項改版融合了兩個車型。然而在K系列總共八年的生產過程中，不變的是一直都採用三速變速箱。車廠提供了不同的車身類型，有魚雷式、轎車、豪華轎車（town car），以及敞篷車。此外從1935年起，車內裝潢大幅改善，無論是材質或使用的配備皆然。這家美國車廠也受到1929年大蕭條的打擊，因而更加專注於經營金字塔頂端的顧客，因為他們才負擔得起高昂價格，車廠透過高營收彌補銷售量的下跌。

66-67—1932年的林肯KB系列原本採用角度狹窄的65° V型12汽缸引擎，排氣量7341cc，採單凸輪軸與側置每汽缸二氣門。

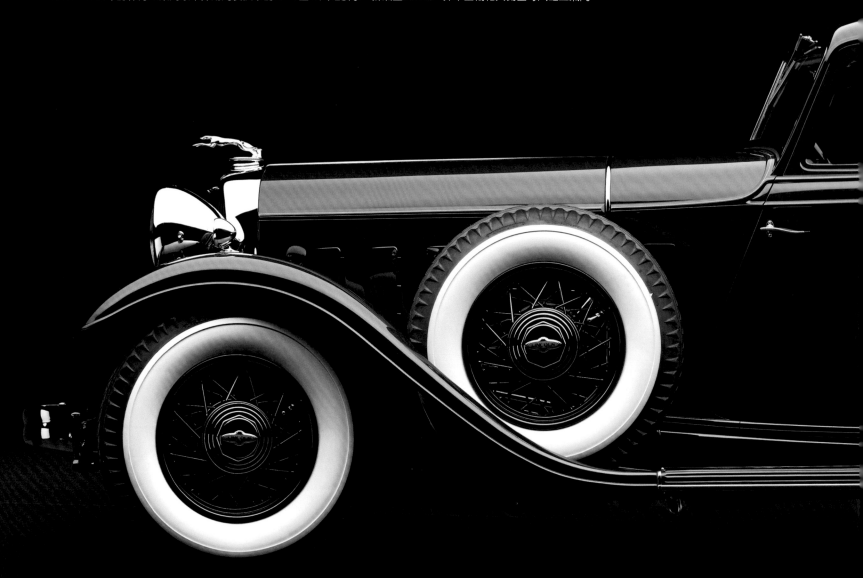

1932 林肯
Lincoln KB

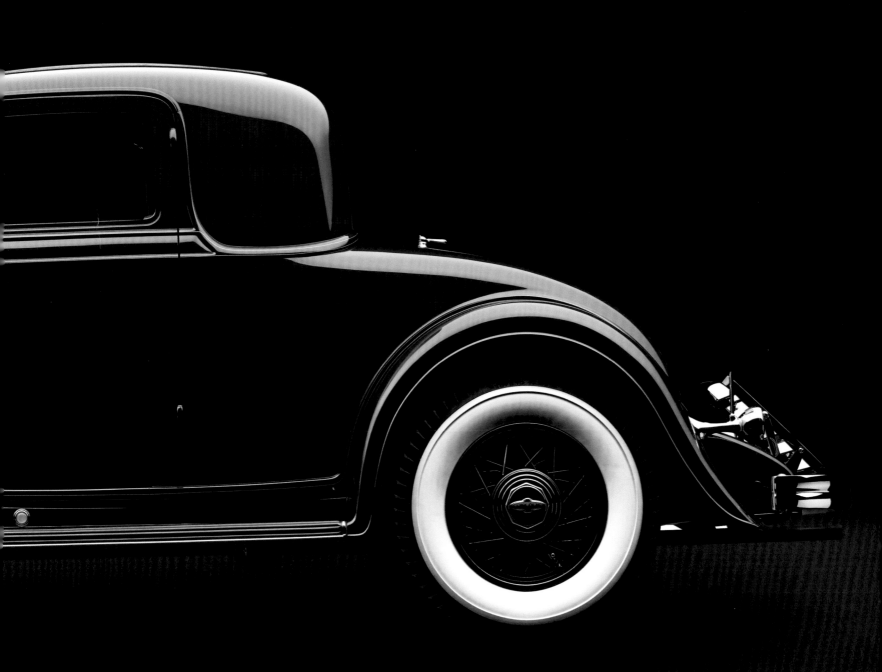

68-69—1927年的林肯以灰狗為廠徽，後來換成沿用至今的鑽石式樣廠徽。

規格表

引擎

配置	前方縱置
汽缸	V型12缸（夾角65°）
缸徑X衝程	83.0 X 114.0 MM
引擎排氣量	7,341 CC
最大馬力	152 HP（3,400 RPM）
最大扭力	40.4 KGM（1,200 RPM）
氣門機構	側置氣門，單凸輪軸
氣門數	每汽缸二氣門
供油系統	單具STROMBERG化油器
冷卻系統	水冷

傳動系統

傳動方式	後輪
離合器	乾式多片
變速箱	三速手排+倒檔

底盤

車身形式	雙門轎跑車
車架	鋼製梯形車架
前端	梁式車軸、縱置板片彈簧、液壓避震器
後端	梁式車軸、 縱置板片彈簧、液壓避震器

轉向系統	蝸桿與扇形齒輪
前／後煞車	鼓式
車輪	457.2 MM有輻輪與7.50 X 18前後胎

尺寸與重量

軸距	3,683 MM
前 / 後輪距	1,524/1,524 MM
長	>5,000 MM
寬	---
高	---
重	2,275 KG
油箱容量	---

性能

極速	165 KM/H
加速0-100 KM/H	>20.0秒
重量 / 馬力比	15.00 KG/HP

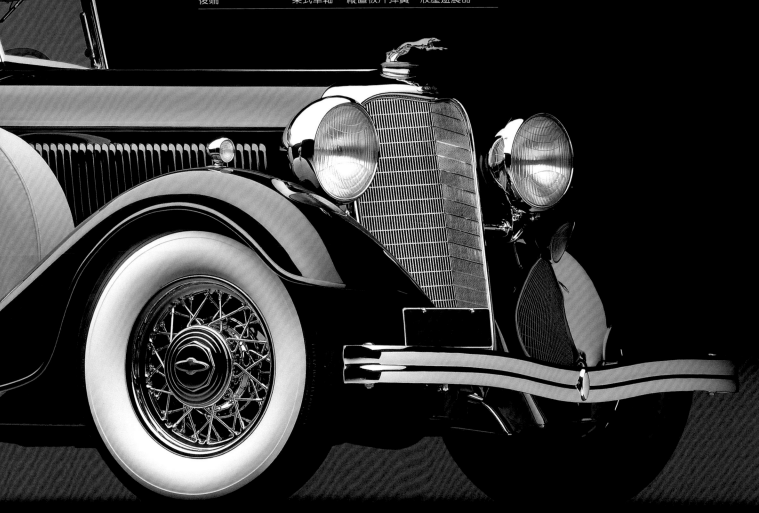

1936-1937 寇德
Cord 810/812 SC

　　這款車由1930年代最具天份、最才華洋溢的設計師戈登·布利（Gordon Buehrig）親自設計，是美國生產第一輛擁有獨立前輪懸吊的前輪驅動車，也是全世界第三款靠前軸傳遞動力的量產汽車。前兩款分別是1934年的雪鐵龍（Citroën）Traction Avant，以及1929年的姊妹車款寇德L-29。它獨特的、將保險桿整合在車身上的「浮筒」造型葉子板尤其具原創性，還有隱藏式頭燈，20年後這個設計才會再度風行。推動它的是4729cc的V型八缸（汽缸夾角90°）萊康明引擎，跟前一代車款L-29有相同的馬力（125 hp）。由於車廂底下不像後輪傳動必須留空間給傳動軸，因此車輛的重心與車體都特別低矮，也免除了當時蔚為風潮的登車用腳踏板。半自動的四速班迪克斯（Bendix）變速箱具超比檔，但卻對可靠性造成各種問題。1937年推出第二代，稱為812，提供機械增壓版本（即SC，supercharged），採用離心式增壓器，並且與舊款相同，具有雙門轎跑車與敞篷車兩種車身形式。寇德也在這一年停產。

規格表

引擎

配置	前方縱置
汽缸	V型八汽缸（夾角90°）
缸徑X衝程	88.9 X 95.2 MM
引擎排氣量	4,729 CC
最大馬力	170 SC 125HP（4,000 RPM）
最大扭力	---
氣門機構	單凸輪軸側置氣門
氣門數	每汽缸二氣門
供油系統	單具STROMBERG化油器（SC僅一具）
冷卻系統	水冷

傳動系統

驅動方式	前輪
離合器	乾式碟片
變速箱	四速半自動+倒檔

底盤

車身形式	雙門轎跑車／敞篷車
車架	鋼製梯形車架
前端	獨立式、搖臂、橫置板片彈簧、液壓避震器
後端	梁式車軸、縱置板片彈簧、液壓避震器
轉向系統	蝸桿與扇形齒輪
前／後煞車	鼓式，直徑279 MM
車輪	406.4 MM有輻輪與6.50 X 16前後胎

尺寸與重量

軸距	3,175 MM
前／後輪距	1,422/1,549 MM
長	4,801 MM
寬	1,803 MM
高	1,524 MM
重	1,685 KG（SC 1,891）
油箱容量	77 L

性能

極速	150KM/H（SC 170）
加速0-100 KM/H	20.1 (SC 13.2)秒
重量／馬力比	13.48 (SC 11.12) KG/HP

72-73與74-75─這輛車由戈登·布利這位1930年代最具天份、最才華洋溢的設計師親自設計，是美國車中第一輛擁有獨立前輪懸吊的前輪驅動車。

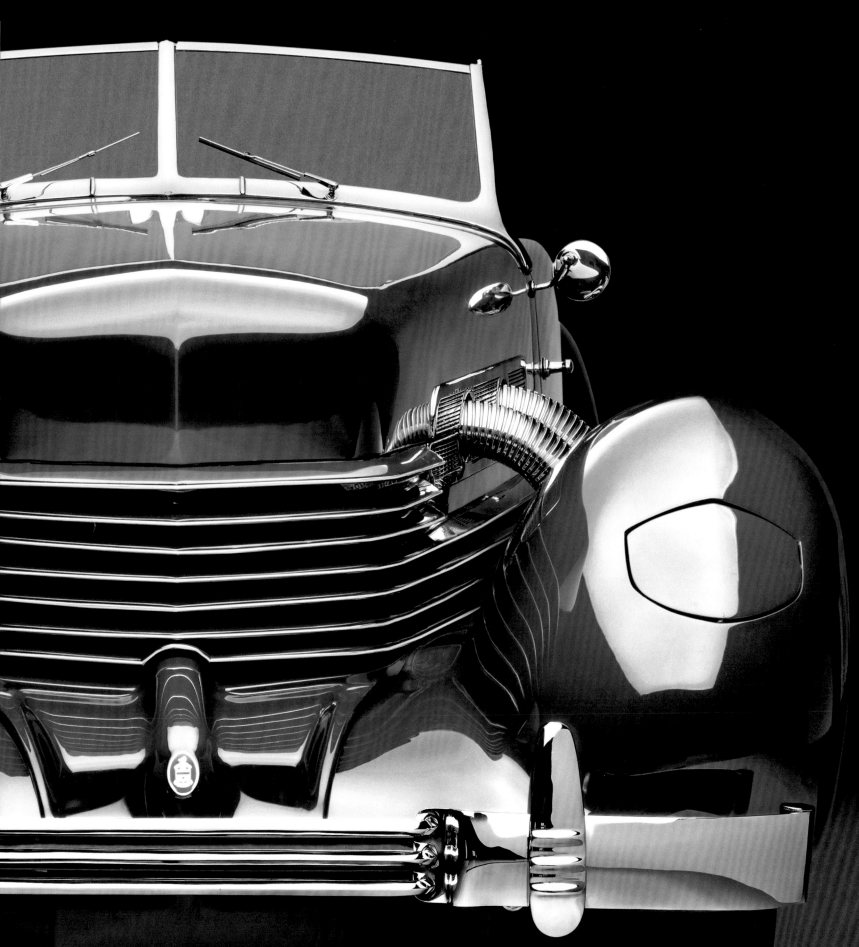

76-77—4729cc V型八缸（汽缸夾角90°）萊康明引擎的鍍鉻歧管是寇德812 SC的
特色之一，這款車由810演進而來。

1936奧本
Auburn 852 SC Speedster

奧本851屬寇德集團旗下，是美國印第安納州的奧本車廠所生產的最成功車款，而奧本 852 SC Speedster 則是較輕、較「兇猛」的版本。船首般的造型設計，搭配強大的4585cc直列八缸引擎，再輔以史威澤—康明斯（Schweitzer-Cum-mins）離心機械增壓器，名稱中的SC即代表 Supercharged，也就是機械增壓。馬力為152hp，能夠把這輛一點也稱不上輕盈的車推到時速將近170　km/h。這輛美國雙門敞篷跑車在技術上的最大特色就是可在方向盤上啟動超比檔，以增加終傳比，讓這輛車具有第四檔。這項巧思一方面讓長途駕駛更舒適，另一方面也讓引擎的動力能夠完全釋放，因為原本標準的三檔齒比特別緊密。離合器和變速箱與引擎本體相結合。雖然是敞篷車，它的鋼製梯形車架透過X型的車體強化，結構剛性特別為人稱道，還配備了液壓輔助鼓式煞車。奧本 852 SC Speedster 僅生產500輛，也是掛上奧本廠牌的末代車款，該廠在 1937 年結束營運。

78-79—1936年的奧本852 SC Speedster 採用整合在車身上的「浮筒」造型葉子板，這項外型設計為它增添了運動感，儘管車身長度將近5公尺。

規格表

引擎

配置	前方縱置
汽缸	直列八缸
缸徑X衝程	77.8 X 120.6 MM
引擎排氣量	4,585 CC
最大馬力	152 HP（4,000 RPM）
最大扭力	31.8 KGM（2,750 RPM）
氣門機構	單凸輪軸側置氣門
氣門數	每汽缸二氣門
供油系統	單具STROMBERG化油器、單具離心機械增壓器
冷卻系統	水冷

傳動系統

傳動方式	後輪
離合器	乾式單片離合器
變速箱	3速手排+倒檔

底盤

車身形式	雙座敞篷跑車
車架	鋼製梯形車架
前端	梁式車軸、縱置版片彈簧、液壓避震器
後端	梁式車軸、縱置版片彈簧、液壓避震器
轉向系統	蝸桿與扇形齒輪
前／後煞車	鼓式
車輪	406.4 MM有輻輪與6.50 X 16前後胎

尺寸與重量

軸距	3,226 MM
前／後輪距	1,488/1,575 MM
長	4,938 MM
寬	1,816 MM
高	473 MM
重	699 KG
油箱容量	---

性能

極速	67 KM/H
加速0-100 KM/H	5.0秒
重量／馬力比	11.18 KG/HP

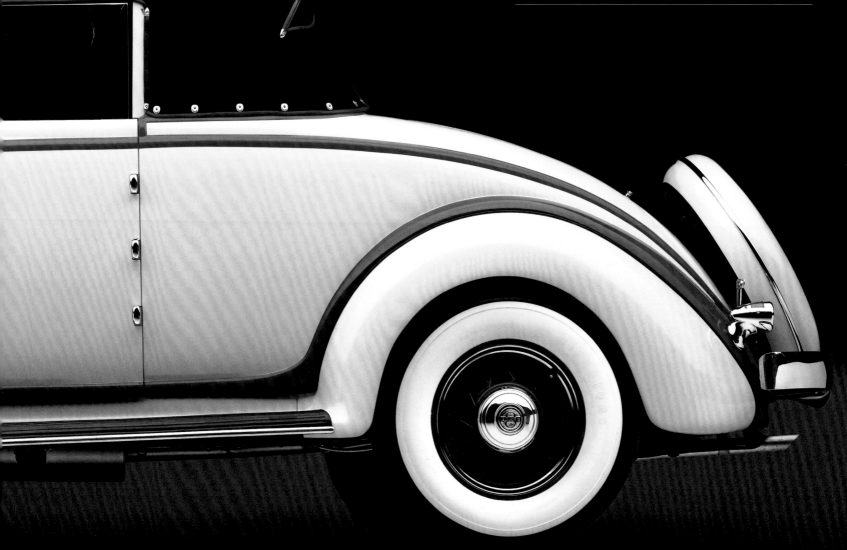

許多記者1936年第一次在德國紐柏林（Nürburgring）賽道旁的準備區看到這輛車時，都驚訝到合不攏嘴；當時它準備在愛非山大獎賽（Eifelrennen Grand Prix）大展身手；結果就在這裡奪得了所屬類別的第一個冠軍盃。相較於當時對手的龐大、馬力強，它的靈活讓人難以置信。長度僅3.9公尺，而且非常輕盈，只有830公斤。小巧的直列六缸引擎排氣量才1971cc，僅能產生80hp馬力，但是卻快如閃電。328在大多數僅限量產車參賽的比賽中表現傑出，是因為它有輕巧的車重與靈活性（其他較重的對手沒多久也仿效了這些特點），以及它的鋼管架構所帶來的良好車身強度。BMW 328車身造型非常符合空氣力學，車頭的雙腎造型水箱罩成為一項特色，此後也一直是BMW的招牌特徵，直到今天都沒有太大改變。BMW 328生產於1937至1940年間，除了雙座敞篷跑車，還有敞篷轎車與雙座轎跑車（不過只生產了兩輛）等車身型式。還有一個版本配備了類似摩托車的擋泥板、兩件式分離擋風玻璃與楔型車尾，幾乎專門用於參加比賽。328成為這家德國車廠現代化的助力。

80-81—1936年的BMW 328在當時顯得非常特殊，它的長處在於輕巧靈活，而不是怪獸般的性能，並在大多數僅限量產車參賽的比賽中贏得傑出成績。

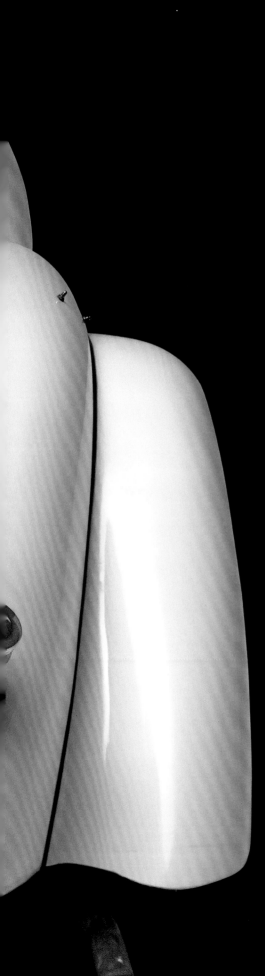

規格表

引擎

配置	前方縱置
汽缸	直列六缸
缸徑X衝程	66.0 X 96.0 MM
引擎排氣量	1,971 CC
最大馬力	80 HP（4,500 RPM）
最大扭力	12.9 KGM（4,000 RPM）
氣門機構	單頂置氣門
氣門數	每汽缸二氣門
供油系統	三具SOLEX 30 JF化油器
冷卻系統	水冷

傳動系統

傳動方式	後輪
離合器	乾式單片離合器
變速箱	四速手排+倒檔

底盤

車身形式	雙座敞篷跑車
車架	鋼管
前端	獨立車輪、橫置板片彈簧、液壓避震器
後端	梁式車軸、縱置板片彈簧、液壓避震器
轉向系統	齒條與齒輪
前／後煞車	鼓式，直徑280 MM
車輪	406.4 MM碟式輪圈與5.50 X 16前後胎

尺寸與重量

軸距	2,400 MM
前／後輪距	1,153/1,220 MM
長	3,900 MM
寬	1,550 MM
高	1,400 MM
重	830 KG
油箱容量	50 L

性能

極速	150 KM/H
加速0-100 KM/H	---
重量／馬力比	10.37 KG/HP

82-83—BMW 328生產於1937至1940年間，除了雙座敞篷跑車，還有敞篷轎車與雙座轎跑車等車身型式。

1936德拉埃
Delahaye 135 M

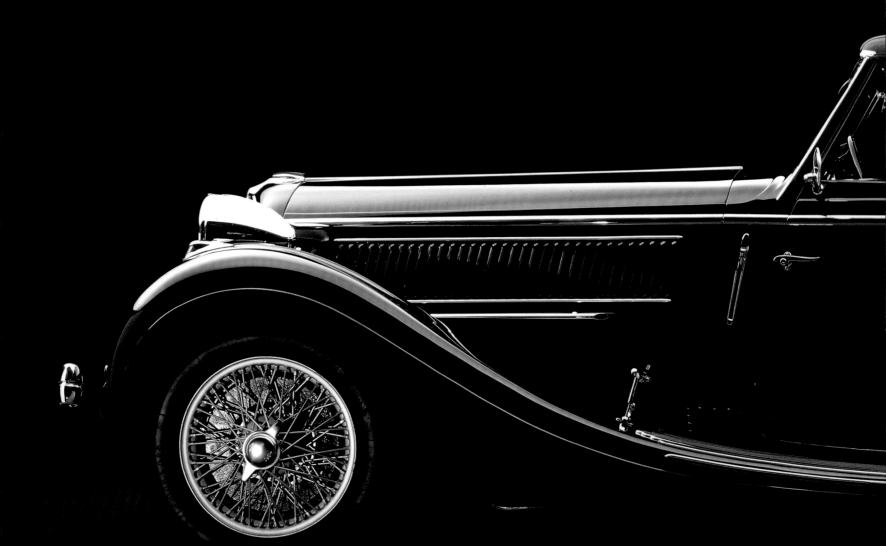

位於法國土赫（Tours）的德拉埃車廠的135系列是集豪華與高性能於一身的絕佳範例，不但成為這家法國車廠最著名的車款，也是最長壽的車款，生產期間自1935年起，直到1954年停止營運為止。將近20年間，它的車身都是由專業車身製造廠如霞普龍、薩歐奇科、普爾圖，以及費高尼與法拉斯奇所打造，有時化身為轎車，有時是雙座轎車、敞篷轎車，甚至是雙座敞篷跑車（barchetta）。135M的M代表經過改裝（modified），這也是1936年推出的第二代。引擎蓋下方與前一代同為3557cc直列六缸引擎，配備一到三具化油器，最多能夠輸出137hp馬力。到了1938年出現另一次的進化，稱為135MS，馬力為145 hp。如同第一代的135，135M也有加長版車架可以選擇，軸距從標準的2950mm加長為3150mm或3350mm，以因應特殊需求。在技術層面，德拉埃135 M最為人稱道的特色是前輪獨立懸吊，比起1930年代盛行的梁式車軸遠遠細緻許多。

84-85—德拉埃車廠的135M結合了豪華與高性能，生產期間由1935年至1954年為止。車身由專業車身製造廠如 霞普龍、薩歐奇科、普爾圖，以及費高尼與法拉斯奇所打造。

86-87—照片中的德拉埃135 M為敞篷轎車版本。除了「露天」車款，也有雙座轎跑車。135 M是這家法國車廠最知名的車款。

規格表

引擎

配置	前方縱置
汽缸	直列六缸
缸徑X衝程	84.0 X 107.0 MM
引擎排氣量	3,557 CC
最大馬力	137 HP（3,850 RPM）
最大扭力	24.0 KGM（2,200 RPM）
氣門機構	頂置式單凸輪軸
氣門數	每汽缸二氣門
供油系統	三具SOLEX化油器
冷卻系統	水冷

傳動系統

傳動方式	後輪
離合器	乾式單片離合器
變速箱	四速手排+倒檔

底盤

車身形式	雙門轎跑車等
車架	鋼製車身搭配車架
前端	獨立車輪、橫置板片彈簧、摩擦式避震器
後端	梁式車軸、縱置板片彈簧、摩擦式避震器
轉向系統	蝸輪和蝸桿
前／後煞車	鼓式
車輪	431.8 MM有輻輪與6.00 X 17前後胎

尺寸與重量

軸距	2,950 MM
前／後輪距	1,380/1,485 MM
長	4,800 MM
寬	1,489 MM
高	1,511 MM
重	1,557 KG
油箱容量	100 L

性能

極速	160 KM/H
加速0-100 KM/H	---
重量／馬力比	11.36 KG/HP

90-91—德拉埃135 M的引擎蓋下方為3557cc直列六缸引擎，有三具化油器，最高能夠輸出137hp馬力。

1936賓士
Mercedes-Benz 540K
Roadster

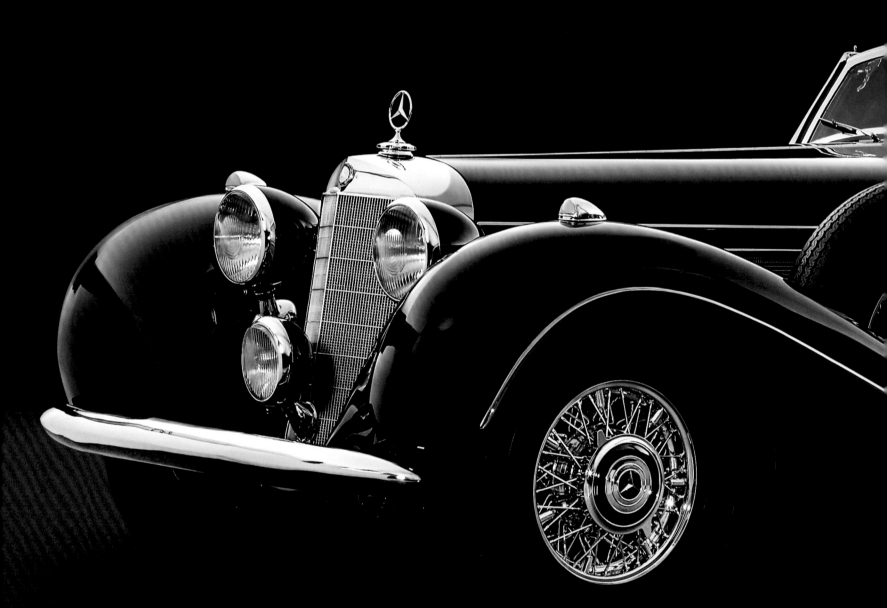

540K由500K演進而成，在精神上傳承了著名的Typ SSK，擁有5401cc的單凸輪軸頂置氣門直列八缸引擎，每汽缸雙氣門，採用的是特別「經典」的設計，搭配魯氏機械增壓器（Roots supercharger），可以手動開啟，或是油門踏板踩到底時也會開啟。即使這具德國製引擎算不上特別先進，但拜機械增壓之賜，還是能達到180hp的馬力和44.0kgm的扭力，使這輛賓士雙座敞篷跑車的極速達到170 km/h以上。標準的四速變速箱可以改為選配五速協調齒合變速箱，這在1930年代屬於新

發明。同樣具革命性的還有四輪獨立懸吊，其中前輪採用雙A臂，後輪為浮式輪軸，搭配螺旋彈簧與套筒伸縮式避震器。這是一項重大創新，足以匹配比當時先進得多的汽車，瞬間就能將原本隨處可見的梁式車軸與板片彈簧打入歷史。但是這輛車一點也稱不上輕盈，足足有2400公斤。540K雙座敞篷跑車只生產了26輛，其中一輛被希特勒相中，加上裝甲成為私人座駕。除了雙座敞篷跑車，它還有雙門轎車與豪華轎車的款式。

92-93—1936年的540K Roadster被希特勒選為私人座駕，除了雙座敞篷跑車，它還有雙門轎車與豪華轎車版本。

94-95—540K配備5401cc直列八缸引擎，採用魯氏機械增壓器，能輸出180 hp馬力。

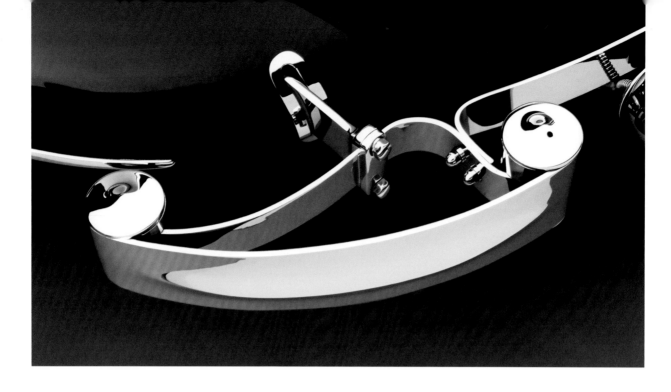

96—如同當時大多數的汽車，540K Roadster也廣泛使用鋼材，照片中為後保險桿細部。

97—賓士車廠的三芒星標誌最早出自戈特利布·戴姆勒（Gottlieb Daimler）繪製的草圖，他希望傳達出他們的引擎無論在陸地、海上或空中都一樣能夠發揮性能。

規格表

引擎

配置	前方縱置
汽缸	直列八缸
缸徑X衝程	88.0 X 111.0 MM
引擎排氣量	5,401 CC
最大馬力	180 HP（3,400 RPM）
最大扭力	44.0 KGM（2,200 RPM）
氣門機構	頂置氣門
氣門數	每汽缸二氣門
供油系統	單具賓士化油器、單具魯氏機械增壓器
冷卻系統	水冷

傳動系統

傳動方式	後輪
離合器	乾式單片離合器
變速箱	四速手排+倒檔

底盤

車身形式	雙座敞篷跑車
車架	鋼製車身搭配車架
前端	獨立車輪、雙A臂懸吊、螺旋彈簧、套筒伸縮式避震器
後端	半獨立車輪 擺動軸、螺旋彈簧、套筒伸縮式避震器

轉向系統

轉向系統	蝸輪和蝸桿
前／後煞車	鼓式
車輪	431.8 MM有輻輪與7.50 X 17前後胎

尺寸與重量

軸距	3,290 MM
前／後輪距	1,535/1,547 MM
長	5,200 MM
寬	1,800 MM
高	1,530 MM
重	2,400 KG
油箱容量	110 L

性能

極速	>170 KM/H
加速0-100 KM/H	>16.0秒
重量／馬力比	13.33 KG/HP

98-99—賓士540K Roadster內裝以大量鍍鉻與皮革為特色。和當時競爭對手不同的是,這款車以瘻木製作飾板較不受歡迎。

1936勞斯萊斯
Rolls-Royce Phantom III

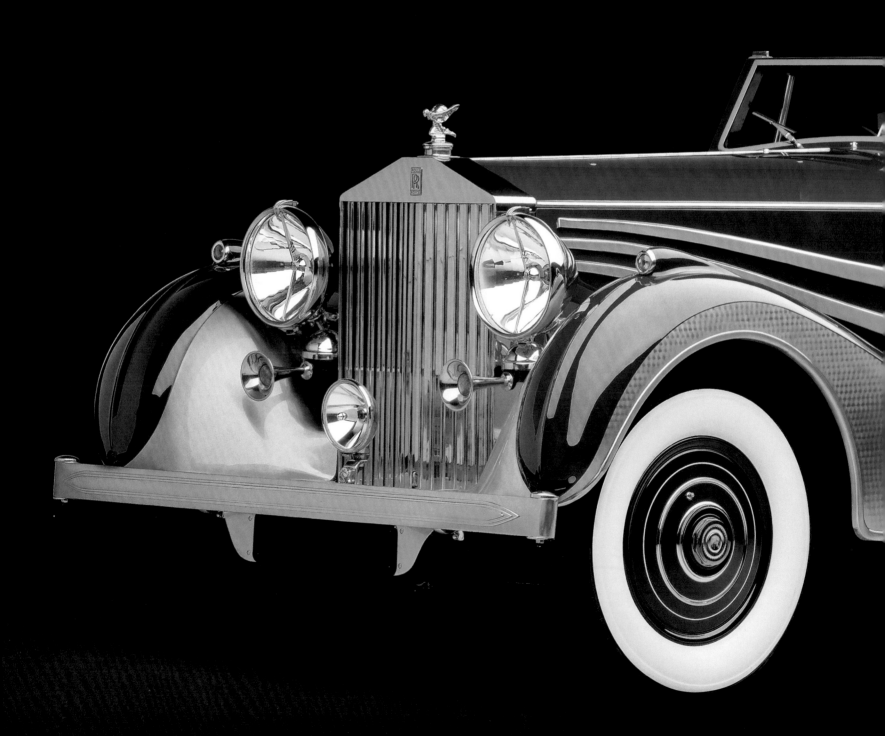

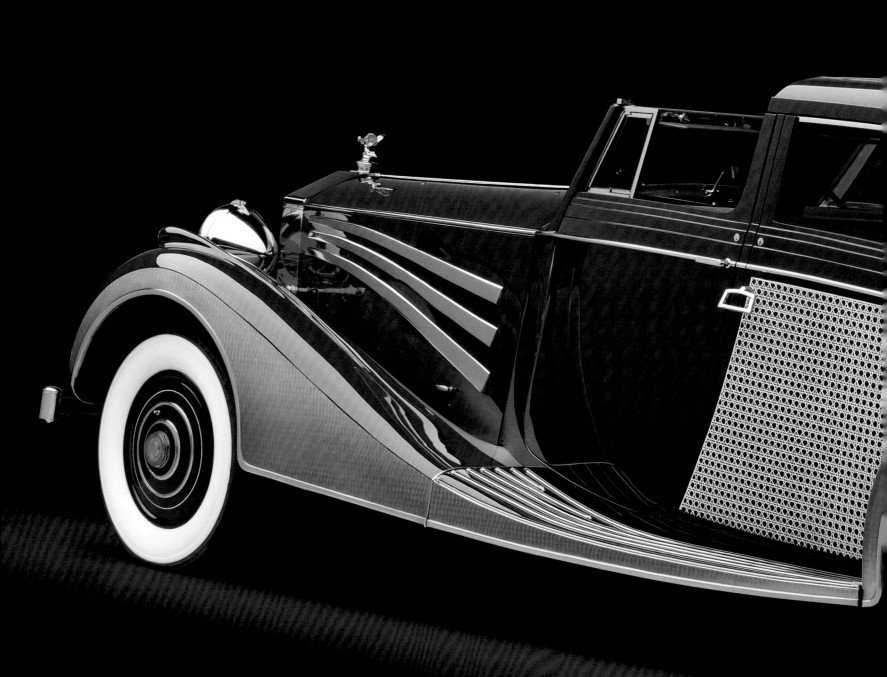

直到1998年勞斯萊斯推出旗艦車款Silver Seraph以前，搭載V型12缸引擎的勞斯萊斯汽車一直只有Phantom III，它也是在二次世界大戰爆發前，勞斯萊斯車廠設計的最後一輛頂級大型豪華轎車。Phantom III採用鋁製7332cc推桿式V型12缸引擎，每汽缸二氣門，以堂皇的氣勢帶動它前進。這具引擎不但運作順暢而且出力分布平均，不追求極致性能，這也是它最傑出的特

點。長度5.4公尺，重量超過2600公斤，以這麼一輛龐然大物來說，配備相當精簡。不過在科技面的創新還是值得一提，包括每汽缸兩顆火星塞，雙供油泵浦 以及獨立前輪懸吊。此外還提供從駕駛座控制避震器的功能，遠遠領先1930年代的其他汽車。車上還內建千斤頂，並針對結構上最容易磨損的元件配有獨特的潤滑系統。Phantom III是Phantom II後繼車款，以車架搭

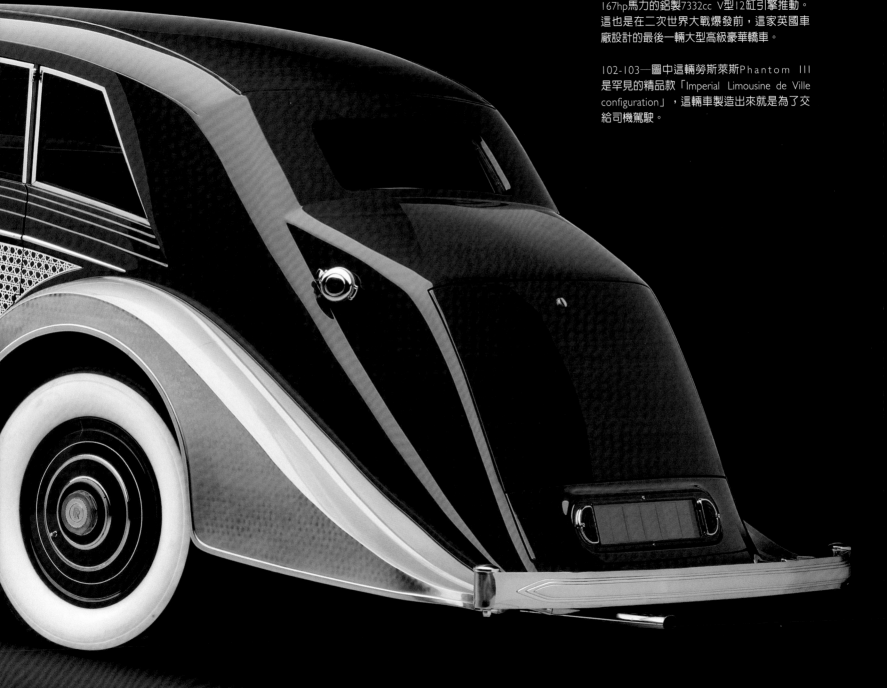

167hp馬力的鋁製7332cc V型12缸引擎推動。
這也是在二次世界大戰爆發前,這家英國車
廠設計的最後一輛大型高級豪華轎車。

102-103—圖中這輛勞斯萊斯Phantom III
是罕見的精品款「Imperial Limousine de Ville
configuration」,這輛車製造出來就是為了交
給司機駕駛。

規格表

引擎

配置	前方縱置
汽缸	V型12缸（夾角60°）
缸徑X衝程	82.5 X 114.3 MM
引擎排氣量	7,332 CC
最大馬力	167 HP（3,000 RPM）
最大扭力	---
氣門機構	頂置氣門
氣門數	每汽缸二氣門
供油系統	單具勞斯萊斯化油器
冷卻系統	水冷

傳動系統

傳動方式	後輪
離合器	乾式單片離合器
變速箱	四速手排+倒檔

底盤

車身形式	轎車／雙門轎跑車／敞篷車
車架	鋼製車身搭配車架
前端	獨立車輪、雙A臂懸吊、螺旋彈簧、套筒伸縮式避震器
後端	梁式車軸、縱置板片彈簧、液壓避震器
轉向系統	蝸輪和蝸桿
前／後煞車	鼓式
車輪	457.2 MM輪圈與7.00 X 18 前後胎

尺寸與重量

軸距	3,607 MM
前／後輪距	1,588/1,588 MM
長	5,410 MM
寬	1,905 MM
高	---
重	2.642 KG（轎車）
油箱容量	150 L

性能

極速	140 KM/H
加速0-100 KM/H	16.8秒
重量／馬力比	15.82 KG/HP（轎車）

104-105—Phantom III車長5.4公尺，重量超過2600公斤，並針對結構上最容易磨損的元件裝上獨特的潤滑系統。

1936 SS Cars
(捷豹Jaguar) SS 100

這是所有捷豹汽車的老祖宗，而且廠牌名稱還不同！SS 100由來自英格蘭科芬特里（Coventry）的SS Cars製造，是第一輛讓人聯想到類似美洲豹（Jaguar）的貓科動物線條的汽車，不過要等到第二次大戰結束後，SS Cars才開始使用Jaguar這個名字。車款名中的100代表這輛車所能達到的極速——以英里計算。這個性能值得一提，一方面是因為車重不到1200公斤，另一方面是所採用的標準汽車公司（Standard Motor Company）直列六缸引擎動力表現非常充沛，雖然排氣量僅2663cc，但是卻有100hp馬力的輸出，到了1938年更加大到3485cc，這次升級還包括了頂置單凸輪軸引擎（而非置於兩側），每汽缸兩氣門，轉速大幅提高到4250rpm，能爆發出127hp馬力。在技術上它是一輛守舊的汽車，車體是標準的非承載式車體（body on frame），前後輪利用梁式車軸以及板片彈簧，以及槓桿式避震器。SS 100到1940年停產，只有雙門轎車一種車型，不採傳統的雙座跑車設計。它也被視為歷來最優雅的捷豹之一，也是最稀有的捷豹之一：僅生產了314輛，其中又只有116輛是更吸引人的高性能3.5公升版。

106-107—SS Cars在英格蘭製造的SS 100實際上是最早的捷豹汽車，直到第二次世界大戰結束後，這個車廠才更名為捷豹。

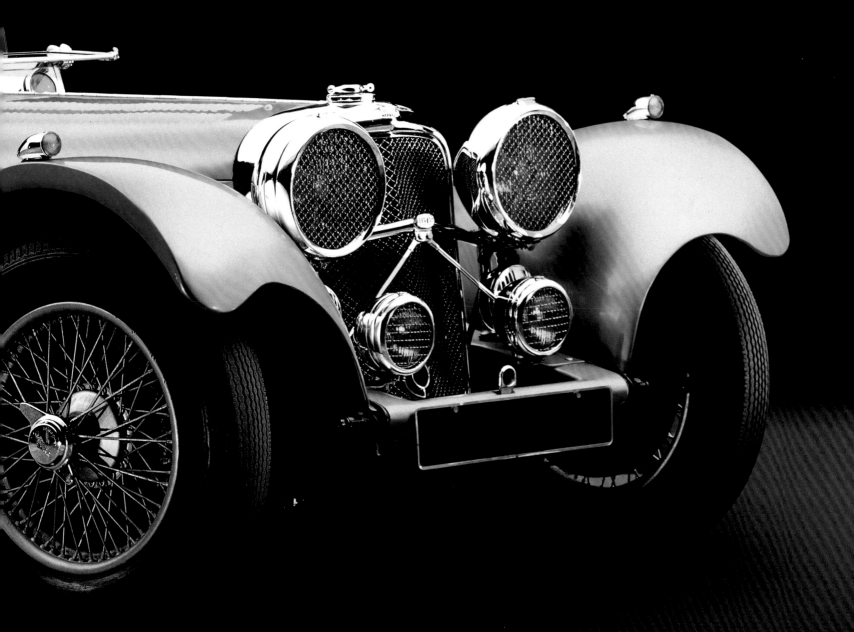

規格表

引擎

配置	前方縱置
汽缸	直列六缸
缸徑X衝程	82.0 X 110.0 MM
引擎排氣量	3,485 CC
最大馬力	127 HP（4,250 RPM）
最大扭力	---
氣門機構	頂置氣門
氣門數	每汽缸二氣門
供油系統	雙具SU H4化油器
冷卻系統	水冷

傳動系統

傳動方式	後輪
離合器	乾式單片離合器
變速箱	四速手排+倒檔

底盤

車身形式	雙座敞篷跑車
車架	鋼製車身搭配車架
前端	梁式車軸、縱置板片彈簧、LUVAX槓桿式避震器
後端	梁式車軸、縱置板片彈簧、LUVAX槓桿式避震器
轉向系統	蝸輪和蝸桿
前／後煞車	鼓式
車輪	457.2 MM有輻輪與5.50 X 18前後胎

尺寸與重量

軸距	2,640 MM
前／後輪距	1,372/1,372 MM
長	3,886 MM
寬	1,600 MM
高	1,372 MM
重	1,181 KG
油箱容量	---

性能

極速	163 KM/H
加速0-100 KM/H	10.9秒
重量／馬力比	9.30 KG/HP

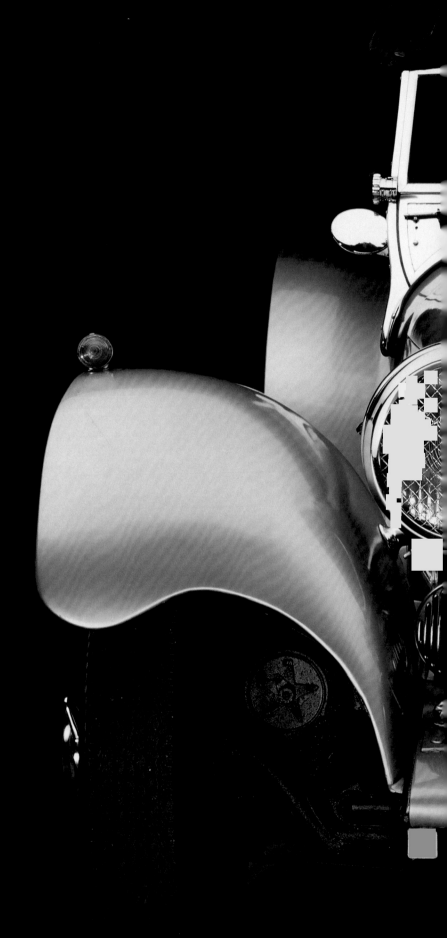

108-109—SS 100的優異性能一方面來自低於1200公斤的車重,再加上標準汽車公司的直列六缸引擎的動力。

1937 愛快羅密歐
Alfa Romeo 8C
2900 B Lungo

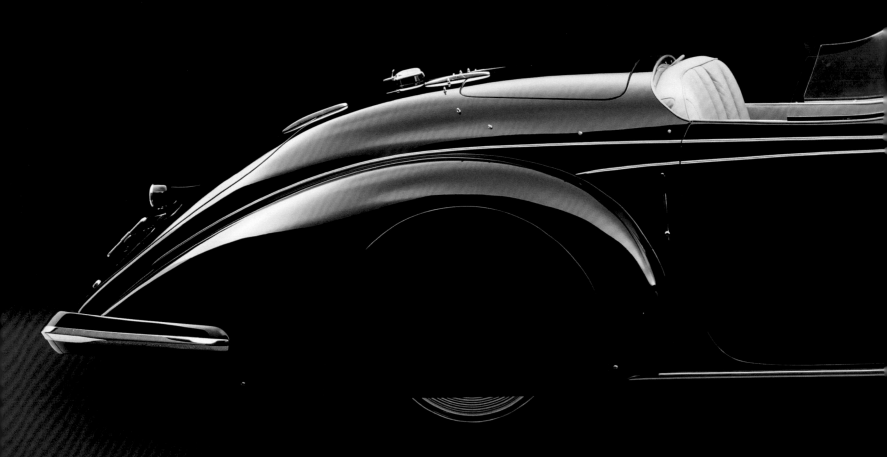

8C的意思就是八汽缸，以彰顯經典的愛快羅密歐直列汽缸引擎，而這輛車也是這家義大利車廠歷來最尊貴的一款，由維托里奧·賈諾（Vittorio Jano）設計，1931年問世，依引擎的排氣量不同而有不同版本，並以共用的機械結構推出了幾輛單座賽車。最初這具八缸引擎的排氣量是2336cc，後來為了參加一千英里耐力賽（Mille Miglia）而提升到 2905cc，在這項知名的道路賽中，經常可以看到這些來自阿雷塞（Arese）的汽車奪得勝利的場景。這具引擎由兩具魯氏（Roots）增壓器提高進氣壓力，並且得力於先進的頂置雙凸輪軸。8C B型是一般道路用車型，有兩種軸距，分別是2.8公尺與3公尺，採用聯合傳動組（transaxle transmission），與差速器一同置於後端，有別於當時將變速箱與引擎都放置在前端的設計習慣。避震系統也是革命性的設計：前輪為獨立懸吊，後輪為擺動軸搭配一對油壓與摩擦避震器。Lungo雙門轎跑車的車身由當時最頂尖的車身製造商薩加托、賓尼法利納、圖靈以及卡斯塔納精心打造而成。這款優美的斜背車（fastback）總共只生產了30輛。

110-111—1937年的愛快羅密歐8C 2900 B Lungo，車身線條由當時最頂尖的車身製造商薩加托、賓尼法利納、圖靈以及卡斯塔納精心打造而成。

112— 愛快羅密歐8C 2900 B Lungo採用聯合傳動組，與差速器一同置於後端，有別於當時將變速箱與引擎都放置在前端的設計習慣。

113—8C 2900 B Lungo配備八缸引擎，排氣量擴增到2905cc，並搭配兩具魯氏增壓器。

規格表

引擎

配置	前方縱置
汽缸	直列八缸
缸徑X衝程	68.0 X 100.0 MM
引擎排氣量	2,905 CC
最大馬力	180 HP（5,200 RPM）
最大扭力	---
氣門機構	頂置式雙凸輪軸
氣門數	每汽缸二氣門
供油系統	雙具韋伯BS42化油器、雙具機械增壓
冷卻系統	水冷

傳動系統

傳動方式	後輪
離合器	乾式單片離合器
變速箱	四速手排+倒檔

底盤

車身形式	雙門轎跑車／雙座敞篷跑車
車架	鋼製車身搭配車架
前端	獨立車輪、擺動軸、螺旋彈簧、液壓避震器
後端	擺動軸、縱置搖臂、橫置板片彈簧、液壓與摩擦式避震器
轉向系統	蝸輪和蝸桿
前／後煞車	鼓式
車輪	482.6 MM有輻輪與5.50 X 19前後胎

尺寸與重量

軸距	3,000 MM
前／後輪距	1,350/1,350 MM
長	5,150 MM
寬	1,770 MM
高	1,500 MM（雙門轎跑車）
重	1,250 KG（雙門轎跑車）
油箱容量	100 L

性能

極速	175 KM/H
加速0-100 KM/H	---
重量／馬力比	6.94 KG/HP（雙門轎跑車）

114-115—車身為雙門轎車型式的8C 2900 B Lungo 110，如同雙座敞篷跑車版本，同樣有獨立前輪懸吊，以及後端的擺動軸。

1937德拉奇
Delage D8-120S

創立於1905年的法國車廠德拉奇，就像央國勞斯萊斯以及同樣來自法國的布加迪，同樣專注於生產最尊貴的豪華汽車，最後卻在1929年的經濟危機中開進死胡同，被競爭對手德拉埃收購，德拉埃當時仍持續生產少數車款，包括著名的D8轎車。120S為車系中的運動化車款，軸距比標準版短，搭配一具克特（Cotal）半自動四速變速箱，以及先進的頂置式單凸輪軸4743cc直列八缸引擎，每汽缸二氣門。如同當時的高級車，D8-120S以車架搭配引擎的方式出售，再由當時的知名車身製造商打造車身，其中法國的費高尼與法拉斯奇特別出色，為許多車款創造出著名的水滴造型車身，此外還有普爾圖以及勒圖與瑪尚（Letourneur & Marchand）。1940年德意志國防軍入侵，使德拉埃走進了歷史，因此德拉奇也就不復存在。這款車總共生產了100輛，其中一輛敞篷車由薩歐奇科製作車身，逃過了德軍的摧殘，在法國重獲自由後成為戴高樂總統的官方用車。

116-117—德拉奇D8-120S搭配一具克特（Cotal）半自動四速變速箱，以及先進的頂置式單凸輪軸4743cc直列八缸引擎，能輸出122 hp馬力。

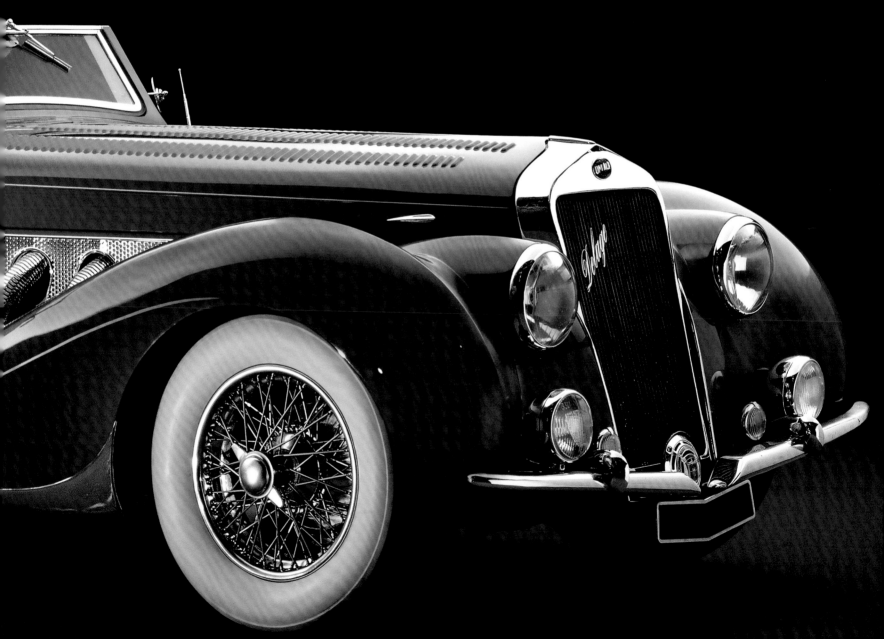

規格表

引擎

配置	前方縱置
汽缸	直列八缸
缸徑X衝程	85.0 X 107.0 MM
引擎排氣量	4,743 CC
最大馬力	22 HP（4,200 RPM）
最大扭力	25.0 KGM（2,000 RPM）
氣門機構	頂置式單凸輪軸
氣門數	每汽缸二氣門
供油系統	單具化油器
冷卻系統	水冷

傳動系統

傳動方式	後輪
離合器	乾式單片離合器
變速箱	四速半自動+倒檔

底盤

車身形式	雙門轎跑車／敞篷車
車架	鋼製車身搭配車架
前端	獨立車輪、雙A臂懸吊、板片彈簧、液壓避震器
後端	梁式車軸、縱置板片彈簧、液壓避震器
轉向系統	蝸輪和蝸桿
前／後煞車	鼓式
車輪	457.2 MM有輻輪6.50 X 18前後胎

尺寸與重量

軸距	3,302 MM
前／後輪距	1,422/1,448 MM
長	5,360 MM
寬	1,880 MM
高	1,664 MM
重	1,680 KG（敞篷車）
油箱容量	---

性能

極速	160 KM/H
加速 0-100 KM/H	17.60秒
重量／馬力比	13.77 KG/HP（敞篷車）

118-119—德拉奇D8-120S由當時最優異車身製造商打造車身，其中法國的費高尼與法拉斯奇特別出色，以水滴造型車身聞名。

1937霍希
Horch 853 A

霍希853是850轎車款的運動化版本，除了在技術與造型上別具特色之外，它在汽車史上的名聲還是要歸功於奧古斯特·霍希（August Horch），他在1899年創立了以自己的姓氏做為品牌名稱的車廠。之後他與自己的第一家公司因財務管理上的衝突而分道揚鑣，於是另外創立了奧古斯特·霍希汽車股份有限公司（August Horch Automobilwerke GmbH）。然而霍希並未取得自己姓氏的商標權，只好被迫將公司改名為……Audi（奧迪），這個字在拉丁文中是「聆聽」或「聽」的意思，和德文的horch意思相同。全球最知名的汽車公司之一於焉誕生。內裝奢華的853是一輛高級的敞篷車，動力來自4944cc直列八缸引擎，馬力是平實的106hp。它採用精良的避震系統，前輪為A臂獨立懸吊，後輪則為狄迪翁梁式車軸（De Dion beam axle），四速手排變速箱搭配超比檔機構，加大終傳比效果如同第五檔，在當時相當先進。車身尺寸氣派，長5.3公尺，車重超過2600公斤，這也不利於853的性能，因此升級推出A版本，引擎相同但馬力輸出強化為122 hp，也具有雙座敞篷跑車的車型。853 A最終在1940停產，它也是全球最早配備收音機的汽車之一。

120-121—高貴的1937年霍希853 A敞篷車採用精良的避震系統，前輪為A臂獨立懸吊，後輪則為狄迪翁梁式車軸。

122-123—霍希853 A也有雙座敞篷跑車車型，在1937至1940年間生產，是全球最早配備收音機的汽車之一。

引擎

配置	前方縱置
汽缸	直列八缸
缸徑X衝程	87.0 X 104.0 MM
引擎排氣量	4,944 CC
最大馬力	122 HP（3,200 RPM
最大扭力	---
氣門機構	頂置式單凸輪軸
氣門數	每汽缸二氣門
供油系統	單具SOLEX 35 JFF化油器
冷卻系統	水冷

傳動系統

傳動方式	後輪
離合器	乾式單片離合器
變速箱	四速手排+倒檔

底盤

車身形式	敞篷車／雙座敞篷跑車
車架	鋼製梯形車架

前端	獨立車輪、A臂懸吊、板片彈簧、液壓避震器
後端	狄迪翁梁式車軸、縱置板片彈簧、液壓避震器
轉向系統	蝸桿與扇形齒輪
前／後煞車	鼓式
車輪	431.8 MM有輻輪7.50 X 17前後胎

尺寸與重量

軸距	3,450 MM
前／後輪距	1,510/1,516 MM
長	5,300 MM
寬	1,830 MM
高	1,580 MM
重	2,630 KG（敞篷車）
油箱容量	---

性能

極速	140 KM/H
加速0-100 KM/H	---
重量／馬力比	21.92 KG/HP（敞篷車）

1938 布加迪
Bugatti Type 57SC Atlantic Coupe

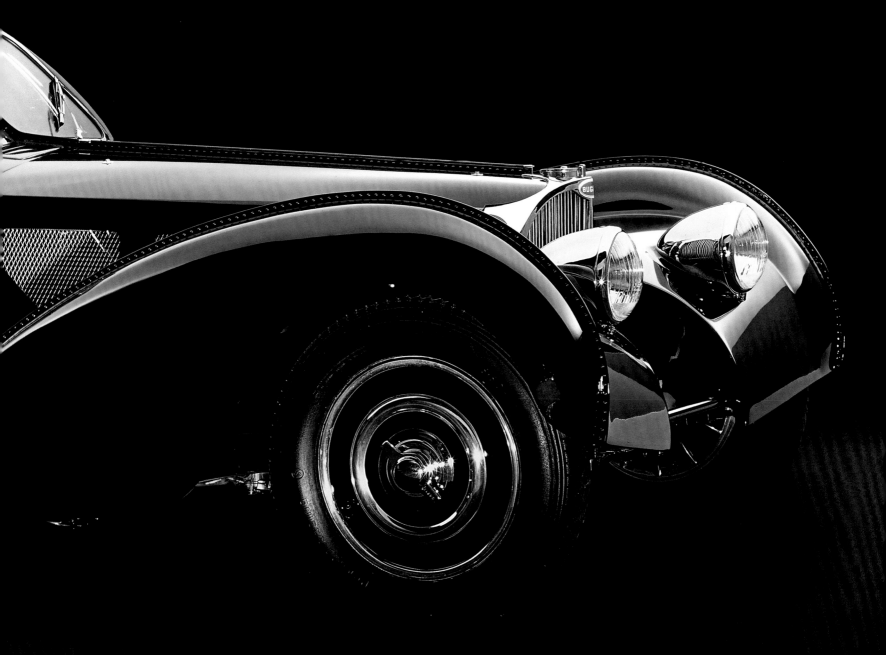

規格表

引擎

配置	前方縱置
汽缸	直列八缸
缸徑X衝程	72.0 X 100.0 MM
引擎排氣量	3,257 CC
最大馬力	213 HP（5,500 RPM）
最大扭力	---
氣門機構	頂置式雙凸輪軸
氣門數	每汽缸二氣門
供油系統	單具STROMBERG化油器、單具葉片機械增壓器
冷卻系統	水冷

傳動系統

傳動方式	後輪
離合器	乾式單片離合器
變速箱	四速手排+倒檔

底盤

車身形式	雙門轎跑車
車架	鋼製車身搭配車架
前端	半獨立車輪、橫置板片彈簧、套筒伸縮式避震器
後端	梁式車軸、縱置板片彈簧、套筒伸縮式避震器
轉向系統	蝸輪和蝸桿
前／後煞車	鼓式
車輪	457.2 MM有輻輪與5.50 X 18前胎、6.50 X 18後胎

尺寸與重量

軸距	2,979 MM
前 / 後輪距	1,349/1,349 MM
長	4,600 MM
寬	1,760 MM
高	1,380 MM
重	953 KG
油箱容量	---

性能

極速	200 KM/H
加速0-100 KM/H	10.0秒
重量 / 馬力比	4.47 KG/HP

124-125—水滴造型的1938年布加迪Bugatt Type 57SC Atlantic Coupe由這家法國車廠的創辦人埃托雷·布加迪的兒子尚·布加迪設計。

126-127—Type 57SC Atlantic Coupe車身原本以名為Electron的鋁鎂合金製成，後來改以比較容易加工的鋁打造。

128-129—布加迪Type 57SC Atlantic Coupe的特色在於大幅後移的車室、特別傾斜的擋風玻璃、以鉚釘結合的鈑件，以及鉸鏈在後側的車門。

從水滴狀的側面輪廓線條開始，這輛車完全打破常規。Type 57SC Atlantic Coupe 是由法國車廠布加迪創辦人埃托雷·布加迪（Ettore Bugatti）的兒子尚·布加迪（Jean Bugatti）設計，展現出航空界帶來的影響，如車尾的「鰭片」、大角度傾斜的擋風玻璃，以及利用鉚釘結合的車身鈑件，與往車頭方向開啟的車門，再搭配大幅度後移、直接設計在後軸上方的車室，打破了1930年代的一切設計常規。它的原型車稱為 Aérolithe，車身以名為 Electron（亦稱 Elektron）的鋁鎂合金製成，強度特別

高也特別輕，實際生產的版本則稱為 Atlantic，由比較容易加工的鋁所打造。在機械上，SC 結合了 S 版賽車取向的車架，以及57C 的機械增壓引擎。在修長的引擎蓋下墊伏著一具3257cc直列八缸引擎，搭配雙凸輪軸與濕式油底槽（wet-sump）潤滑系統，這些精良的設計加上機械增壓，能在5500rpm爆發出213hp馬力。這輛驚人的速度機器重量不到1000公斤，從靜止加速到100km/h只要短短十秒，總共只生產了三輛，堪稱史上第一輛真正的超級跑車（supercar）。

1938塔伯特─拉戈
Talbot-Lago T150C SS

　　這輛車不朽的經典外型要歸功於車身製造商。法國的費高尼與法拉斯奇在1930年代後半有許多以水滴造型聞名的作品，打破了先前的美學規範，將明確、僵硬的造型以有弧度的蜿蜒線條取代，浮筒式的葉子板與車身融合為一。塔伯特─拉戈T150C SS的機械結構精良，絲毫不比外型設計遜色。獨立前輪懸吊有助於將車重控制在1500公斤以下。它的液壓輔助鼓式煞車在當時創下煞車距離新紀錄。這輛適合長距離旅行的雙座轎跑車以小型雙座敞篷賽車為基礎，動力來自3996cc直列六缸引擎，具有高效率的半球形燃燒室，若由原本的兩具Stromberg化油器增加選配為三具，那麼這部引擎能在4100rpm產生172hp馬力。可預選檔位的威爾森（Wilson）四速變速箱，可說是所有自動排擋變速箱的先驅。只要用一根小撥桿選擇下一個檔位，換檔時踩一下離合器即可接合。這輛車總共只生產14輛，如今一輛價值超過440萬美元。

130-131─1938年的塔伯特─拉戈T150C SS 130，這輛車不朽的經典線條出自車身製造商費高尼與法拉斯奇。

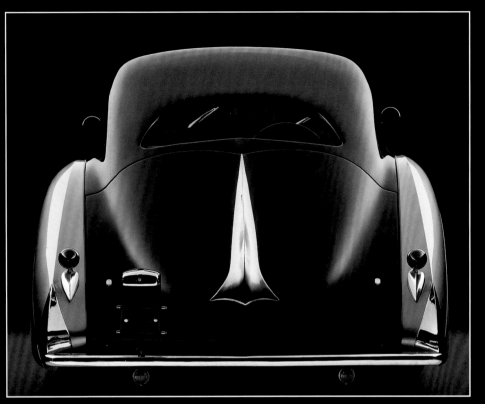

132—T150C SS的外型打破了先前的美學規範，將明確、僵硬的造型以有弧度的蜿蜒線條所取代。

132-133—T150C SS以浮筒式的葉子板與車身融合為一，在1930年代是令人耳目一新的設計。

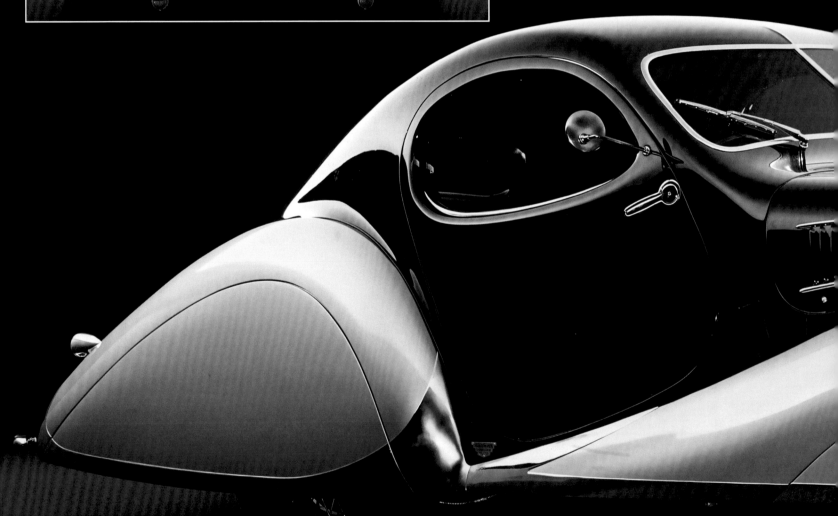

引擎

配置	前方縱置
汽缸	直列六缸
缸徑×衝程	90.0 X 104.5 MM
引擎排氣量	3,996 CC
最大馬力	172 HP（4,100 RPM）
最大扭力	---
氣門機構	頂置氣門
氣門數	每汽缸二氣門
供油系統	三具STROMBERG化油器
冷卻系統	水冷

傳動系統

傳動方式	後輪
離合器	乾式單片離合器
變速箱	四速手排+倒檔

底盤

車身形式	雙門轎跑車
車架	鋼製車身搭配車架

前端	獨立車輪、橫置板片彈簧、摩擦式避震器
後端	梁式車軸、縱置板片彈簧、摩擦式避震器
轉向系統	蝸輪和蝸桿
前／後煞車	鼓式
車輪	431.8 MM輪圈與6.00 X 17前後胎

尺寸與重量

軸距	2,650 MM
前／後輪距	1,422/1,486 MM
長	4,300 MM
寬	1,670 MM
高	---
重	1,497 KG
油箱容量	---

性能

極速	175 KM/H
加速0-100 KM/H	---
重量／馬力比	8.70 KG/HP

1939 愛快羅密歐
Alfa Romeo 6C
2500 SuperSport

愛快羅密歐6C 2500 SuperSport於1939年開始生產，期間一度因二次世界大戰中斷，之後一直到1951年才停產。2500是愛快羅密歐6C（代表六汽缸）系列持續進化的最後一個版本，最早一版是1925年的1500。2500由前一款2300改良而成，沿用了前輪獨立的A臂懸吊系統，有些人將它視為「最後一部偉大的愛快羅密歐」。戰前生產的車款有不同的車身規格，軸距也不相同，引擎從馬力105hp的2443cc雙凸輪軸直列六缸引擎起跳，採用三具韋伯化油器。SuperSport車款一般稱作SS，軸距2.7公尺，是同系列各種規格中最短的。專業車身製造廠如賓尼法利納、圖靈、博通（Bertone）、維格納爾（Vignale）以及薩加托都為6C 2500打造了不同的外型，從雙門轎車、敞篷車到其他變化版本。不過愛快羅密歐從戰後起也開始推出完整的成車，並被視為同時代最酷炫的汽車之一，它也是埃及國王法魯克一世（King Farouk I）、美國女演員麗塔·海華斯（Rita Hayworth）與摩納哥親王蘭尼埃三世（Prince Rainier III）的私人座駕。在各大車身製造商精雕細琢的車身中，1949年的6C 2500 SS "Villa d'Este" 這輛車特別值得一提，它利用米蘭的車身製造廠圖靈的「超輕量」技術打造而成。

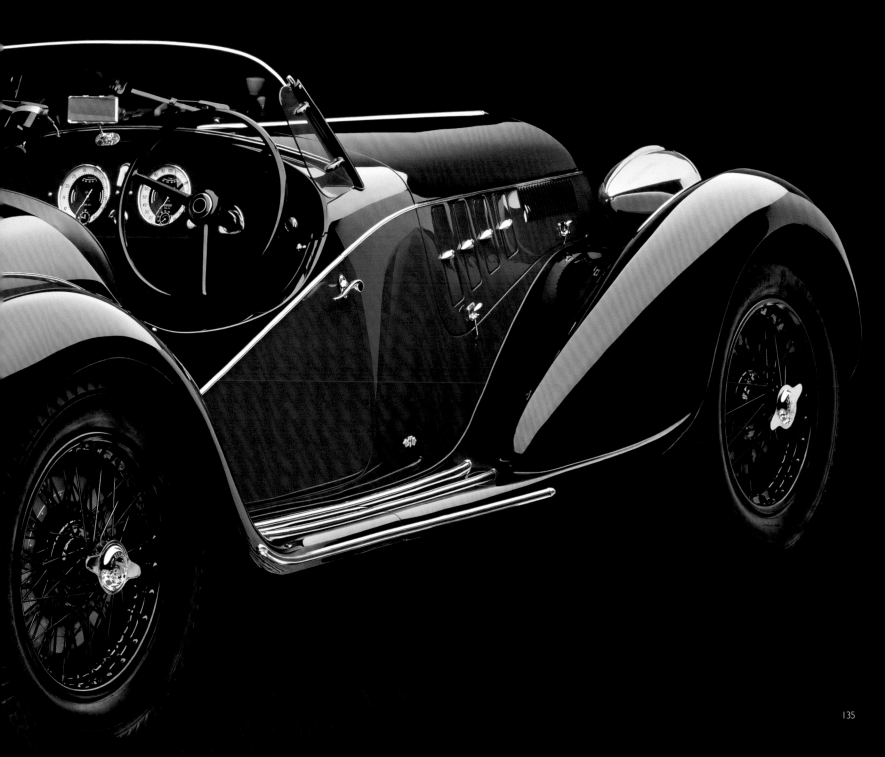

規格表

引擎

配置	前方縱置
汽缸	直列六缸
缸徑X衝程	72.0 X 100.0 MM
引擎排氣量	2,443 CC
最大馬力	105 HP（4,800 RPM）
最大扭力	21.0 KGM（3,200 RPM）
氣門機構	頂置式雙凸輪軸
氣門數	每汽缸二氣門
供油系統	三具韋伯36化油器
冷卻系統	水冷

傳動系統

傳動方式	後輪
離合器	乾式單片離合器
變速箱	四速手排+倒檔

底盤

車身形式	雙門轎跑車
車架	鋼製車身搭配車架
前端	獨立車輪、雙A臂懸吊、螺旋彈簧、套筒伸縮式避震器
後端	半獨立車輪、擺動軸、扭力桿、螺旋彈簧、套筒伸縮式避震器
轉向系統	蝸簧與冠齒輪
前／後煞車	鼓式
車輪	431.8 MM輪圈與6.50 X 17前後胎

尺寸與重量

軸距	106.3 2,700 MM
前／後輪距	1,460/1,480 MM
長	180.3 4,580 MM
寬	70.1 1,780 MM
高	59.1 1,500 MM
重	1,420 KG
油箱容量	80 L

性能

極速	165 KM/H
加速0－100 KM/H	---
重量／馬力比	13.52 KG/HP

134-135—1939年的愛快羅密歐6C 2500 SuperSport，在戰前是由賓尼法利納、圖靈、博通、維格納爾以及薩加托等車身製造廠打造不同的車身。

136-137—6C 2500 SuperSport是當時最高價的汽車之一，也是埃及國王法魯克一世、美國女演員麗塔·海華斯與摩納哥親王蘭尼埃三世等名人的座駕。

規格表

引擎

配置	前方縱置
汽缸	V型12缸（夾角75°）
缸徑×衝程	69.8 × 95.2 MM
引擎排氣量	4,380 CC
最大馬力	112 HP（3,800 RPM）
最大扭力	---
氣門機構	單側置凸輪軸
氣門數	每汽缸二氣門
供油系統	單具化油器
冷卻系統	水冷

傳動系統

傳動方式	後輪
離合器	乾式多片
變速箱	三速手排+倒檔

底盤

車身形式	轎車 / 雙門轎跑車 / 敞篷車
車架	鋼製承重
前端	梁式車軸、縱置板片彈簧、液壓避震器
後端	梁式車軸、縱置板片彈簧、液壓避震器
轉向系統	蝸桿與扇形齒輪
前／後煞車	鼓式
車輪	406.4 MM輪圈與7.00 × 16前後胎

尺寸與重量

軸距	3,099 MM
前／後輪距	1,422/1,480 MM
長	5,334 MM
寬	1,854 MM
高	---
重	1,680 KG
油箱容量	70.5 L

性能

極速	145 KM/H
加速0-100 KM/H	---
重量／馬力比	15.0 KG/HP

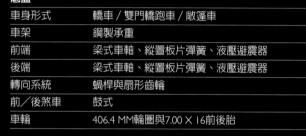

138-139—繼1934年的Chrysler　　Airflow之後，1939年的林肯Zephyr是第一輛以如此流線的車身在商業上取得巨大成功的汽車。

1939 林肯 Lincoln-Zephyr

　　並不是每個人都負擔得起豪華汽車，不過幸虧林肯採取了類似凱迪拉克的拉撒爾（La-Salle）這樣的子品牌行銷計畫，打造了Zephyr部門，目標是為福特汽車創造財源。Zephyr結合優雅造型與精細工藝，與福特的標竿車款相比毫不遜色，但價格親民許多。具有符合空氣力學的現代外型的林肯Zephyr，其實是各方面妥協下的產物。一方面它以輕量單體式車身為基礎，這在當時是新技術，另一方面採用的是傳統4380cc V型12缸引擎，馬力輸出並不可觀，只有112hp。避震系統直接沿用過去的設計，前後皆為梁式車軸搭配縱向板片彈簧，至於煞車系統可謂老古董，正如同大多數在1930年代末生產的汽車，採用透過纜線而非液壓作動的鼓式煞車。儘管如此，這款車仍然相當成功，一直到1942年才停止銷售，這一年美國的汽車製造廠都因為投入戰爭用途而中止生產。二次大戰結束後，它於1946到1948年間又恢復生產，但名稱改為林肯H系列。

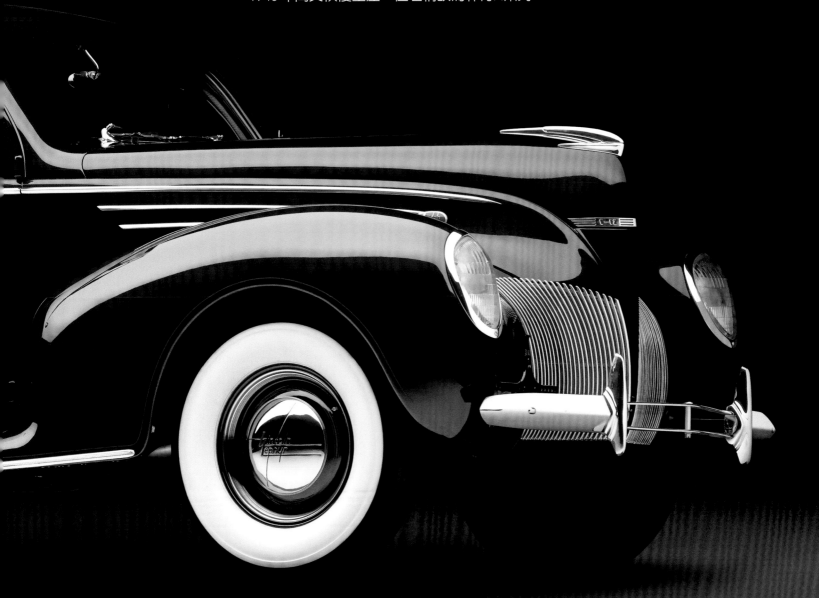

1948 德拉埃
Delahaye 175 S

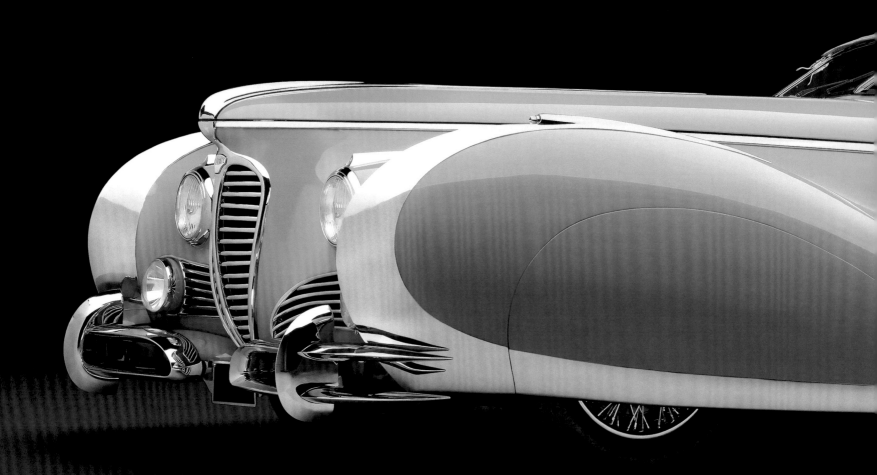

對這家法國車廠來說，戰後時期就是變革的同義詞。有別於絕大多數競爭品牌，德拉埃沒有回頭去生產1930年代末的車款，而是選擇從前不曾推出過的車款。儘管資源拮据，它還是把賭注放在有創新技術的汽車上。175 S以4455cc直列六汽缸引擎為動力，有精良的避震系統，後端為迪狄翁梁式車軸，前端則為杜本內（Dubonnet）獨立懸吊設計。值得一提的是，這種避震器連結車輪的縱向臂，透過水平或直置的密閉桶中的曲柄、彈簧以及液壓避震器作動，這些元件都是轉向系統的一部分，且屬於簧上重量。同樣現代的還有克特（Cotal）四速半自動變速箱。德拉埃175 S以車架與引擎組合出售，再由車身製造商決定外型，尤以薩歐奇科為英國女演員黛安娜・道爾斯（Diana Dors）製作的雙座敞篷跑車，線條特別流暢，以大量鍍鉻裝飾點綴。它不但是全世界第一輛配備收音機的汽車之一，也是最早配備空調系統的汽車。原先車廠寄望能藉由它來幫助這個法國品牌重振旗鼓，沒想到175卻成了它的致命傷，因為眾多配備與花俏的車身讓它太過笨重，也使得杜本內避震系統容易受損，最終讓德拉埃的名聲遭到打擊，再也無法東山再起。

140-141—1948年的德拉埃175 S最搶眼的莫過於它的水滴造型，浮筒式的葉子板尤其突出。

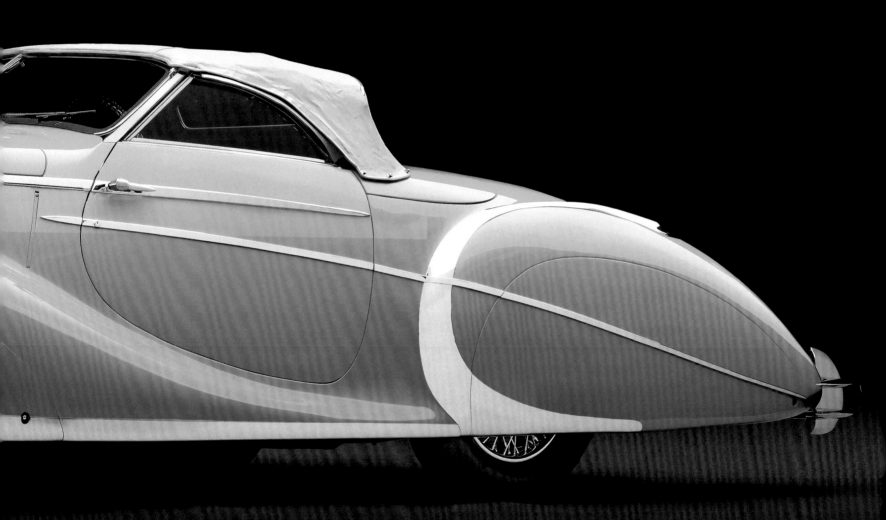

142—法國汽車製造商德拉埃的古老商標，下方的首字母縮寫GFA代表Groupe Français de l'Automobil（法國汽車集團）。這家公司於1954年歇業。

143與144-145—玲瓏的線條，圓潤的外型，流暢的車身：這些1940年代末期汽車的典型特徵都展現在德拉埃175 S身上。它是全世界第一輛在儀表板中央裝了收音機，以及率先搭載空調系統的汽車之一。

規格表

引擎

配置	前方縱置
汽缸	直列六缸
缸徑X衝程	94.0 X 107.0 MM
引擎排氣量	4,455 CC
最大馬力	165 HP（4,000 RPM）
最大扭力	---
氣門機構	頂置氣門
氣門數	每汽缸二氣門
供油系統	三具SOLEX化油器
冷卻系統	水冷

傳動系統

傳動方式	後輪
離合器	乾式單片離合器
變速箱	四速半自動排檔

底盤

車身形式	雙門轎跑車／敞篷車／雙座敞篷跑車
車架	鋼製車身搭配車架
前端	杜本內獨立車輪、縱向臂、螺旋彈簧、杜本內液壓避震器

後端	狄迪翁梁式車軸、縱向板片彈簧、液壓避震器
轉向系統	蝸輪和蝸桿
前／後煞車	鼓式
車輪	457.2 MM輪圈與6.00 X 18前後胎

尺寸與重量

軸距	2,950 MM
前／後輪距	1,465/1,546 MM
長	4,570 MM（雙座敞篷跑車）
寬	---
高	---
重	2,050 KG雙座敞篷跑車
油箱容量	115 L

性能

極速	160 KM/H
加速0-100 KM/H	17.1秒
重量／馬力比	12.42 KG/HP（雙座敞篷跑車）

1948 捷豹
Jaguar XK120

XK120是捷豹在戰後推出的第一款運動化車型。1948年原型車在倫敦的英國國際車展首次亮相後大受好評，因而讓這家英國車廠的創辦人與設計師威廉·里昂（William Lyons）決定啟動生產計畫。車型名稱的120代表以英里計算的極速，這是在安裝擋風玻璃的情況下達成；這項紀錄讓它成為當時全球最快的量產車。最初只有雙座敞篷跑車樣式，後來還有雙門轎跑車及敞篷車，動力來自3442cc的直列六缸引擎，具頂置雙凸輪軸，最大馬力162hp出現在5000rpm，以1940年代的汽車來說是偏高的轉速。限量的鋁製車身僅用於最早生產的240輛，好讓重量降低到1295公斤。之後除了車門以及引擎蓋與行李箱蓋之外，改採

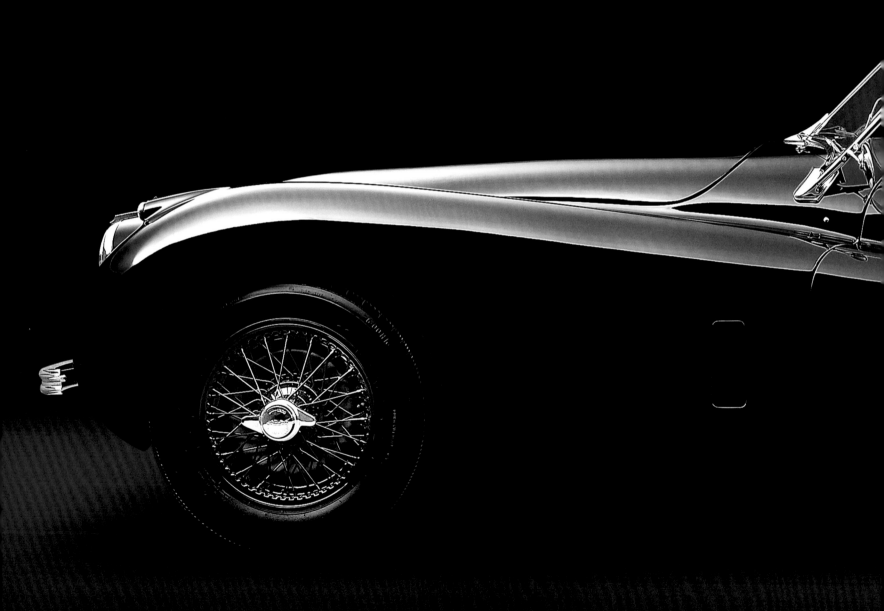

較傳統的鋼製結構。第一輛出廠的標準雙座敞篷跑車出貨給美國影星克拉克‧蓋博（Clark Gable）。1951年，競賽版誕生了，名為XK120C，但更常被稱作C-Type，它以管狀車架為特色，車身為輕量的鋁質，馬力也強化至203hp。1954年，這款幫助捷豹車廠贏得傳奇地位的車型功成身退，由XK140取代。

146-147—鋁製車身僅用於最早生產的240輛XK120，之後捷豹改採較傳統的鋼材以控制成本。

148-149—1948年的捷豹XK120，也是這家英國車廠在戰後的第一輛運動化車款，最初只有雙座敞篷跑車樣式，後來還有雙門轎車及敞篷車。

規格表

引擎

配置	前方縱置
汽缸	直列六缸
缸徑X衝程	83.0 X 106.0 MM
引擎排氣量	3,442 CC
最大馬力	162 HP（5,000 RPM）
最大扭力	26.9 KGM（2,500 RPM）
氣門機構	頂置式雙凸輪軸
氣門數	每汽缸二氣門
供油系統	雙具SU H6化油器
冷卻系統	水冷

傳動系統

傳動方式	後輪
離合器	乾式單片離合器
變速箱	四速手排+倒檔

底盤

車身形式	雙座敞篷跑車／雙門轎跑車／敞篷車
車架	梯形車架
前端	獨立車輪、雙A臂懸吊、扭力桿、螺旋彈簧、套筒伸縮式避震器、防傾桿
後端	梁式車軸、縱置板片彈簧、液壓避震器
轉向系統	循環球式轉向系統
前／後煞車	鼓式，直徑305 MM
車輪	406.4 MM有輻輪與6.00 X 16 前後胎

尺寸與重量

軸距	2,591 MM
前／後輪距	1,295/1,270 MM
長	4,394 MM（雙座敞篷跑車）
寬	1,562 MM（雙座敞篷跑車）
高	1,245 MM（雙座敞篷跑車）
重	1,295 KG（雙座敞篷跑車）
油箱容量	---

性能

極速	201 KM/H
加速0-100 KM/H	10.0秒
重量／馬力比	7.99 KG/HP（雙座敞篷跑車）

150-151─120代表這款車的極速，以英里計算，這是在安裝擋風玻璃的情況下所達成：這項紀錄使它成為當時全球最快的量產車。

1950年代：美好生活

　　儘管二次大戰後百廢待舉，汽車製造業終究還是重新步入正軌，實業家、工程師、設計師和技師居功厥偉，他們用堅韌與奉獻精神，一切從零開始努力。先前在戰時轉為生產軍需品的汽車工廠，如今回歸原本的用途。戰爭留下來的科技並不容易轉為民用，無論汽車的外型或技術發展，都度過漫長又痛苦的停滯期。幾家製造商重新推出戰前就已生產的車型，大多是迫於無奈，但在大家共體時艱，期望盡快走出慘痛的過去，堅定邁向未來的情況下，終於創造出新的局面。

　　進步是1950年代的口號，尤其是技術上的進步。循環球式轉向系統（recirculating ball steering）、梁式車軸、板片彈簧與梯形車架，這些過去習慣採用的設計不再是必然。聚焦在現代性上的能量燃起了熊熊烈火，有創意的新思維催生了實驗性的解決方式，且往往深具巧思。看看1955年的賓士300 SL Gullwing，具有充滿未來感的鋼管結構，以及同樣革命性的、取代傳統化油器的機械式直接噴射供油系統。這輛邁向未來的汽車代表著大幅躍進，預示了將在未來幾十年間逐步落實的技術特徵。另一方面，傳統上由汽車製造商負責車架與引擎的生產，再由各大車身製造商為不同車型打造車身的分工方式也開始動搖。最高級的品牌仍然將車身設計交給車身製造商，特別是在那個時代居於領導地位的義大利車身製造商，包括凡圖齊（Fantuzzi）、賓尼法利納、斯卡列蒂（Scaglietti）、維格納爾以及費魯瓦（Frua），在此時大放異彩。但是想要將生產流程標準化，以及直接提供完整的成車給顧客的想法也愈來愈強烈。所幸這個趨勢因汽車普及化而加速，進一步使汽車進入了中產階級。汽車原本是專屬社會精英的奢侈品，如今也用於工作與休閒，成為中產階級日常生活的基本元素。

　　新大陸與舊大陸也在戰後的這個時期分道揚鑣。美國以裝飾繁複的巴洛克風格為尚，生產的汽車造型奢華，線條大膽，色彩奪目，極盡誇張之能事；而在歐洲，輕量化才是基本價值，與性能的持續提升並重，儘管引擎排氣量普遍偏小，也愈來愈注意油耗問題。英國車使新舊大陸的對比更加強烈，例如1950年的摩根（Morgan）Plus 4，它是英國雙座敞篷跑車的始祖，在1950與1960年代寫下汽車史上的一頁，整輛車精簡、小巧、輕盈，與美國最暴力的V型八缸引擎源源不絕的動力相比，它的肌肉簡直弱小得可憐。摩根Plus 4重810公斤，長度只有3.5公尺，而凱迪拉克Eldorado Convertible則重達2260公斤，車身有5.6公尺長。兩者有天壤之別。這兩種車位於天平的兩端，也標示出兩條背道而馳的發展路線，使得美國成為歐洲雙座敞篷跑車理想的新市場。最早從1954年的保時捷（Porsche）550 Spyder開始——影星詹姆斯·迪恩（James Dean）就是開著這輛車肇事身亡；還有來自義大利阿雷塞（Arese）的愛快羅密歐Giulietta Spider，這輛車因美國跑車進口商馬克思·霍夫曼（Max Hoffman）的要求而問世，他保證訂購2500輛。

　　這一波歐洲製造的雙座敞篷跑車贏得了成功，也震撼了美國人，催生出至今依然不墜的傳奇：雪弗蘭（Chevrolet）的 Corvette。它的出現改變了汽車界。通用汽車公司為了滿足北美洲對於雙座敞篷跑車日益增長的需求，而創造了這部跑車，它也成為許多全世界最知名超級跑車的先驅，甚至被許多人視為最純正的美國跑車。儘管它並不怎麼輕巧，卻讓原本已經兩極化的美國與歐洲，鴻溝更進一步加深，因為這輛車配備了像星條旗一樣代表美國的二速Powerglide自動排檔變速箱（並配有扭力轉換器）。這項革命性的技術遙遙領先固守傳統、堅持手排變速箱的舊大陸，甚至採用了變速箱與差速器結合的聯合傳動器，連同差速器一起置於後端，有別於當時習慣與引擎一同置於前端。這是「兩個世界的爭戰」，在往後的數十年戰激盪出汽車史上真正的里程碑。

1950摩根
Morgan Plus 4

規格表

引擎

配置	前方縱置
汽缸	直列四缸
缸徑X衝程	85.0 X 92.0 MM
引擎排氣量	2,088 CC
最大馬力	69 HP（4,200 RPM）
最大扭力	15.6 KGM（2,000 RPM）
氣門機構	頂置式單凸輪軸
氣門數	每汽缸二氣門
供油系統	單具SOLEX花油器
冷卻系統	水冷

傳動系統

傳動方式	後輪
離合器	乾式單片離合器
變速箱	四速手排+倒檔

底盤

車身形式	雙座敞篷跑車
車架	梯形車架
前端	獨立車輪、滑柱、套筒伸縮式避震器
後端	梁式車軸、縱置板片彈簧、液壓避震器

轉向系統	蝸桿與扇形齒輪
前／後煞車	鼓式
車輪	406.6 MM有輻輪與5.25 X 16前後胎

尺寸與重量

軸距	2,438 MM
前／後輪距	1,194/1,194 MM
長	3,556 MM
寬	1,422 MM
高	1,334 MM
重	810 KG
油箱容量	50 L

性能

極速	135 KM/H
加速0-100 KM/H	12.6秒
重量／馬力比	11.74 KG/HP

這輛車是摩根的四輪車（4/4）系列中馬力最強的版本，在1936年之前這家英國公司僅製造三輪車輛。Plus 4揚棄了其他車型原先採用由標準汽車公司（Standard Motor Company）提供的1300cc、馬力僅39hp的四缸引擎，改採性能更強的69 hp、2088cc版本，搭配強化的車架以及加長的軸距。1953年馬力更大的96hp版本問世，搭載1991cc四缸引擎；它的競爭對手凱旋（Triumph）TR3也使用這具引擎。摩根Plus 4傳統上採用液壓鼓式煞車，1959年加入碟煞作為選用配備，1960年起碟煞就成為這個系列的標準配備。Plus 4雖然是敞篷車型，但還是維持了從問世以來一貫的精簡、輕量雙座敞篷跑車的外型，重量只有810公斤，車身空間緊湊，引擎蓋和引擎之間連空氣濾芯都塞不下，許多車主不得已只好想辦法變通，把蓋乳酪的布直接套在化油器上。生產期間從1950至1961年，可以說是所有在1950與1960年代風靡車壇的英國雙座敞篷跑車的先驅。摩根Plus 4曾經分別在1985與2005年重新推出升級版。

154-155與156-157─1950年的摩根Plus 4可以說是所有在1950與1960年代風靡車壇的英國雙座敞篷跑車的先驅，重量僅810公斤。

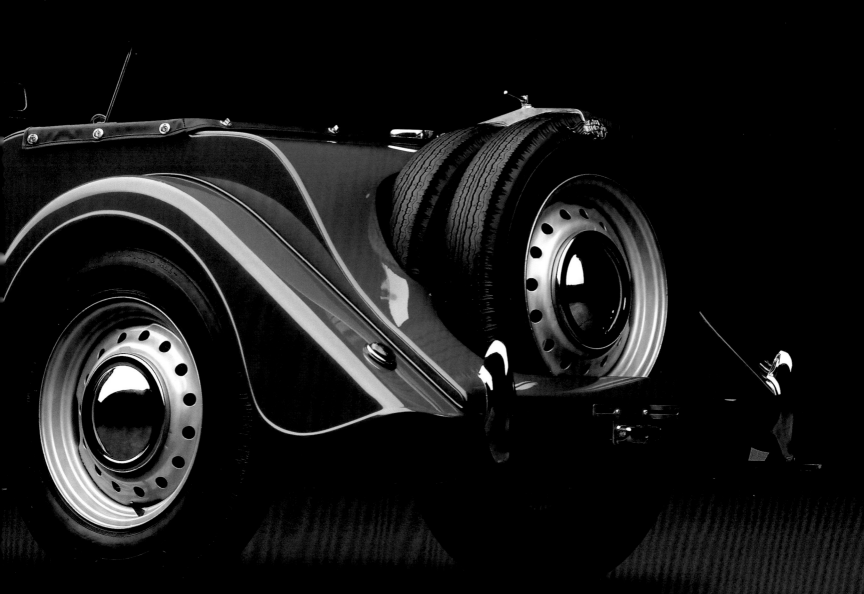

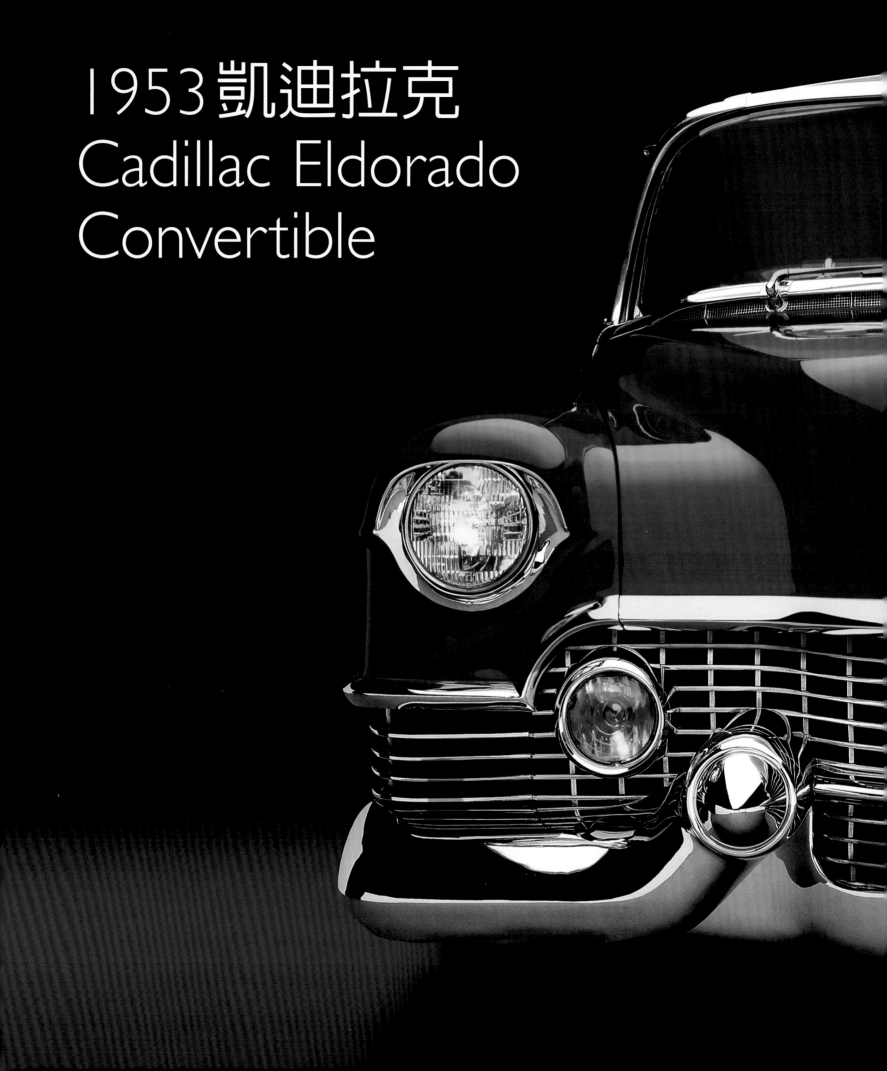

1953凱迪拉克
Cadillac Eldorado
Convertible

這是凱迪拉克在1950年代所生產的最豪華、最昂貴的車，名字El Dorado是由這家美國車廠的一位小祕書因為經理的要求而提出的命名，取得恰如其分，意思是傳說中南美洲的「黃金國」。這輛車的設計引起了轟動，特色在於無框的車窗玻璃，包覆式的低矮擋風玻璃，截短的窗線從車窗表面下方通過，還有硬頂敞篷與車尾的鰭片。這個車身造型影響了通用汽車其他各部門的設計風格超過十年，更別提通用汽車的競爭者了。這輛龐然大物衍生自62系列：長度5.6公尺，寬度超過2公尺，重量約2300公斤，不過它有強大的動力可以依靠，是一具5425 cc的V型八缸引擎，能輸出210hp馬力與44.9kgm扭力，搭配細緻的四速Hydra-Matic自動排擋變速箱。由於它的規格、零件與設計都十分獨特，價格也是絕對的精英，總共只生產了532輛。為了讓更多人負擔得起，凱迪拉克在1954年重新設計了車身，與當時較普及、較平價的凱迪拉克量產車共用零件。美國總統艾森豪在1953年1月20日的就職遊行就選用了這輛車作為座車。

158-159—1953年凱迪拉克Eldorado Convertible尺寸龐大：長度5.6公尺，寬度超過2公尺，重量大約2300公斤，不過它也有具5425 cc的強大V型八缸引擎，能輸出210hp馬力。

160-161—1953年的凱迪拉克Eldorado Convertible儘管龐大，卻是兩門的車型，只有1957年的Eldorado Brougham是四門車型。

規格表

引擎

配置	前方縱置
汽缸	V型八汽缸（夾角90°）
缸徑X衝程	96.8 X 92.1 MM
引擎排氣量	5,425 CC
最大馬力	210 HP（4,000 RPM）
最大扭力	44.9 KGM（2,500 RPM）
氣門機構	頂置氣門
氣門數	每汽缸二氣門
供油系統	單具ROCHESTER化油器
冷卻系統	水冷

傳動系統

傳動方式	後輪
離合器	---
變速箱	四速自動排檔+倒檔

底盤

車身形式	敞篷車
車架	鋼製梯形

前端	獨立車輪、螺旋彈簧、套筒伸縮式避震器
後端	梁式車軸、縱置板片彈簧、液壓避震器
轉向系統	蝸桿與扇形齒輪
前／後煞車	鼓式，直徑305 MM
車輪	381 MM有輻輪與8.00 X 15 前後胎

尺寸與重量

軸距	3,200 MM
前／後輪距	1,499/1,600 MM
長	5,609 MM
寬	2,035 MM
高	1,494 MM
重	2,260 KG
油箱容量	76 L

性能

極速	171 KM/H
加速0-100 KM/H	15.7秒
重量／馬力比	10.76 KG/HP

1953 雪佛蘭
Chevrolet Corvette C1

Corvette C1的出現，為汽車產業帶來不同的面貌。通用汽車公司以這輛車回應北美市場對雙座敞篷跑車日益增加的需求，同時肩負起抵禦歐洲同類型汽車大舉入侵的任務。Corvette於1953年問世，是一系列全球最知名超級跑車的老前輩。很多人認為它是美國跑車最極致的產品，主要特色在於車重很輕。車身完全以玻璃纖維製成，搭載3859cc的直列六缸、單凸輪軸引擎，配合典型的美式變速箱：具有Power-glide扭力轉換器的二速自動排擋。這項技術革新進一步拉大了美國與以手排為主的舊大陸之間的差異。最早的系列稱為C1，持續生產到1962年為止，不過在初期因為性能「溫吞」，無法滿足期待。原本車廠打算在1955年停產這輛車，幸好一方面為了在銷售上與對手福特Thunderbird抗衡，再加上新增的4340cc V型八缸引擎能輸出198hp馬力，搭配三速手排變速箱，因而扭轉了它的命運。這輛原本鎖定精英客群的雙座敞篷車，從此搖身一變成為真正的跑車，一推出就大獲成功。

162-163—雪佛蘭Corvette C1在1953年問世，成了一系列全球最知名超級跑車的老前輩。車尾的鰭片隨著1956年版本的出現而消失。

引擎

配置	前方縱置
汽缸	直列六缸
缸徑X衝程	90.5 X 100.0 MM
引擎排氣量	3,859 CC
最大馬力	152 HP（4,200 RPM）
最大扭力	30.8 KGM（2,400 RPM）
氣門機構	頂置式單凸輪軸
氣門數	每汽缸二氣門
供油系統	三具CARTER 2066S化油器
冷卻系統	水冷

傳動系統

傳動方式	後輪
離合器	---
變速箱	二速自動排檔+倒檔

底盤

車身形式	雙座敞篷跑車
車架	鋼製梯形車架

前端	獨立式車輪、A臂懸吊、螺旋彈簧、套筒伸縮式避震器、防傾桿
後端	梁式車軸、縱置板片彈簧、液壓避震器
轉向系統	蝸桿與扇形齒輪
前／後煞車	鼓式，直徑274 MM
車輪	381 MM碟盤與6.00 X 15前後胎

尺寸與重量

軸距	2,591 MM
前／後輪距	1,448/1,494 MM
長	4,242 MM
寬	1,834 MM
高	1,303 MM
重	1,293 KG
油箱容量	68 L

性能

極速	174 KM/H
加速0-100 KM/H	11.3秒
重量／馬力比	8.51 KG/HP

164-165—1959年式的Corvette C1跟先前年式的版本相比，後端更加流線，並由原先的雙頭燈改為四頭燈。

1953瑪莎拉蒂
Maserati A6 GCS/53

引擎

配置	前方縱置
汽缸	直列六缸
缸徑X衝程	76.5 X 72.0 MM
引擎排氣量	1,986 CC
最大馬力	172 HP（7,300 RPM）
最大扭力	19.8 KGM（5,600 RPM）
氣門機構	頂置式雙凸輪軸
氣門數	每汽缸二氣門
供油系統	三具韋伯40 DCO3化油器
冷卻系統	水冷

傳動系統

傳動方式	後輪
離合器	乾式多片
變速箱	四速手排+倒檔

底盤

車身形式	雙門轎跑車 / 雙座敞篷跑車
車架	鋼管
前端	獨立車輪、雙A臂懸吊、螺旋彈簧、胡戴液壓避震器、防傾桿
後端	梁式車軸、縱置板片彈簧、胡戴液壓避震器、防傾桿

轉向系統	螺桿與齒輪
前／後煞車	鼓式
車輪	406.4MM輪圈與6.00 X 16前後胎

尺寸與重量

軸距	2,310 MM
前 / 後輪距	1,335/1,220 MM
長	3,840 MM
寬	1,530 MM
高	860 MM
重	830 KG
油箱容量	115 L

性能

極速	240 KM/H
加速0–100 KM/H	---
重量 / 馬力比	4.83 KG/HP

車名中的「A」代表瑪莎拉蒂的創辦人艾法利（Alfieri），「6」代表直列汽缸的數量：A6車系自1947年開始生產，推出GCS版本之後才贏得最大的名聲。車名中的「G」代表汽缸本體為鑄鐵（義大利文ghisa），而「CS」則是指賽道與運動（Corsa & Sport），代表這是一輛跑車。瑪莎拉蒂為了在當時的世界跑車錦標賽（World Sportscar Championship）中競爭，而生產了GCS/53版本，動力來自1986cc雙凸輪軸引擎，每汽缸雙氣門，最大馬力172 hp在7300rpm時產生，以當時來說是非常高的轉速。為了降低重量，車體為鋁製，並以鋼管製作車架。前輪為A臂獨立懸吊，在當時是性能車採用的尖端技術，後輪搭配梁式車軸，這個設計並非最精良，但是可靠。煞車系統採用四輪鼓煞，潤滑系統為乾式機油底槽。A6 GCS/53總共只生產了52輛，拜當時少數幾家最知名的車身製造廠的造車工藝之賜而得以不朽，其中包括1953與1955年間由凡圖齊設計的46輛雙座敞篷跑車，以及賓尼法利納設計的4輛雙門轎車，另外還有維格納爾，以及費魯瓦等車身製造商的設計。

1954 蘭吉雅
Lancia Aurelia
B24 Spider

規格表

引擎

配置	前方縱置
汽缸	V6（夾角60°）
缸徑X衝程	78.0 X 85.5 MM
引擎排氣量	2,451 CC
最大馬力	118 HP（5,000 RPM）
最大扭力	18.5 KGM（3,000 RPM）
氣門機構	頂置氣門
氣門數	每汽缸二氣門
供油系統	單具韋伯40 DCZ 5化油器
冷卻系統	水冷

傳動系統

傳動方式	後輪
離合器	乾式單片離合器
變速箱	四速手排+倒檔

底盤

車身形式	雙座敞篷跑車
車架	鋼製承重
前端	獨立車輪、螺旋彈簧、套筒伸縮式避震器
後端	狄迪翁梁式車軸、縱置板片彈簧、液壓避震器、潘哈德桿（PANHARD BAR）

轉向系統	蝸輪與蝸桿
前／後煞車	鼓式
車輪	406.4 MM碟盤與4.50 X 16 前後胎

尺寸與重量

軸距	2,450 MM
前／後輪距	1,280/1,300 MM
長	4,200 MM
寬	1,550 MM
高	1,300 MM
重	1,050 KG
油箱容量	58 L

性能

極速	180 KM/H
加速0-100 KM/H	10.5秒
重量／馬力比	8.90 KG/HP

這是汽車史最迷人的車款之一，車身線條由賓尼法利納設計，主要特徵是形狀像翅膀的前保險桿與包圍式擋風玻璃（靈感來自1950年代的美國雙座敞篷跑車），以及車門上沒有外部門把。生產這款車的目標就是為了征服美國市場，在美國銷售的是馬力稍弱的版本，只有110hp，而非原本的118hp。技術上蘭吉亞Aurelia B24 Spider衍生自它的「表親」B20 Coupe 4系列——同樣受惠於縮短了20公分的軸距——引擎為2451cc的V型六缸引擎，頂置式單凸輪軸，每汽缸兩氣門，動力傳輸透過與差速器一起置於後端的聯合傳動器，捨棄當時常見的、與引擎一同置於前端的設計，如此一來前後端的重量分配更加平衡。依蘭吉亞的傳統，前避震為獨立的滑柱設計，結合套筒伸縮式支柱、液壓式阻尼器，以及同心螺旋彈簧。雖然沒有側窗，但是可加裝可調節進氣的壓克力板，用蝴蝶型螺母固定在車門頂端。這輛車總共只生產240輛，第二個系列於1956年問世，命名為Convertible America。

170-171—1954年的蘭吉亞Aurelia B24 Spider由賓尼法利納設計，動力來自2451cc的V型六缸頂置式單凸輪軸引擎，每汽缸兩氣門。

172-173—Aurelia B24 Spider獨特的車身線條，最顯著的特徵是如翅膀般的前保險桿、包圍式擋風玻璃，還有無把手的車門。

儘管戰後資源有限，這家德國跑車製造商仍決心打造一輛挑戰道路賽事的跑車。為追求極致輕盈的車重與靈活性，車身是鋁製，安裝在鋼管車架上。它的氣冷式1498 cc四汽缸引擎的位置在當時屬於革命性創新，並非按照傳統置於前端，而是相當靠近中央——直接就在駕駛身後，這個配置讓前後軸的重量分布達到最理想狀況。引擎衍生自Porsche 356，同樣是水平對臥引擎，也就是汽缸呈水平對置。精良的動力系統包括每排汽缸為頂置雙凸輪軸，潤滑系統採用乾式機油底槽。車重極輕，僅590公斤，而且車身低矮，在1954年的義大利「一千英里耐力賽」，使車手漢斯・赫曼（Hans Herrmann）得以從鐵路平交道遮桿下方穿越而取得領先。同年，550 Spyder在卡雷拉泛美越野大賽（Carrera Panamericana）贏得所屬等級的冠軍，以及總成績第三名。從此大部分的保時捷跑車都帶有Carrera這個名稱。競賽版共生產15輛，道路版75輛。1955年美國影星詹姆斯・迪恩就開著他那輛暱稱為「小混蛋」的550 Spyder命喪黃泉。

174-175—1954年的姉妹車款保時捷550 Spyder以鋼製管狀車架搭配鋁製車身，將淨重降低到590公斤。

1954 保時捷
Porsche 550 Spyder

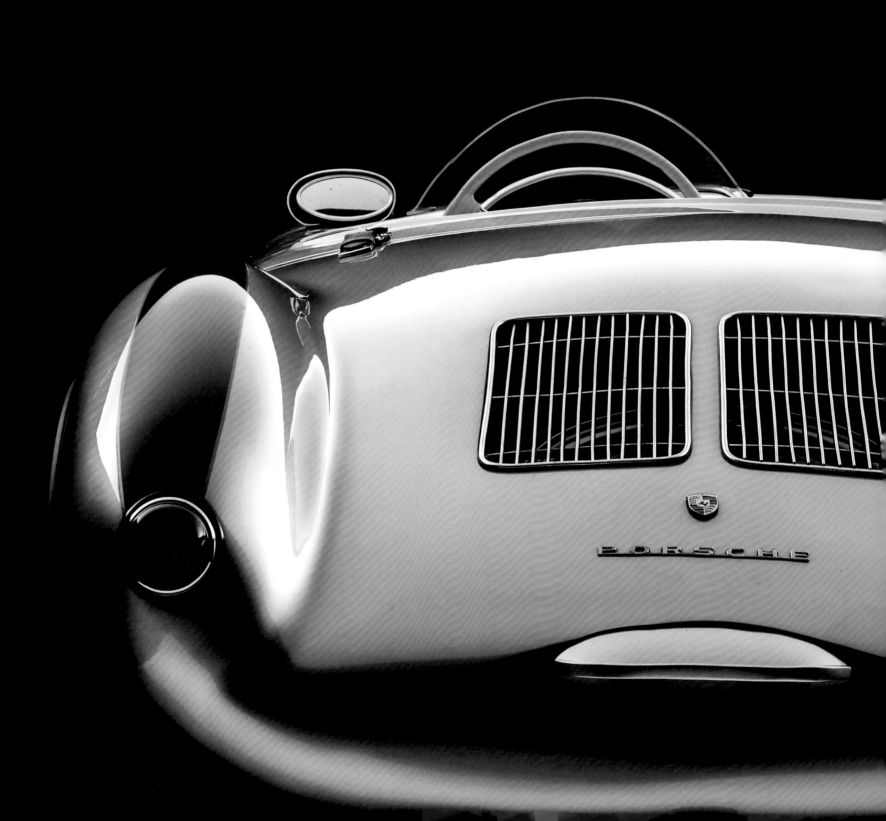

規格表

引擎

配置	中央縱置
汽缸	水平對臥四缸
缸徑X衝程	85.0 X 66.0 MM
引擎排氣量	1,498 CC
最大馬力	112 HP（6,200 RPM）
最大扭力	88.2 LB-FT (12.2 KGM（5,000 RPM）
氣門機構	每排汽缸雙凸輪軸
氣門數	每汽缸二氣門
供油系統	雙具SOLEX 40 PJJ化油器
冷卻系統	氣冷

傳動系統

傳動方式	後輪
離合器	乾式單片離合器
變速箱	四速手排+倒檔

底盤

車身形式	雙座敞篷跑車
車架	鋼管
前端	獨立車輪、雙A臂懸吊、扭力桿、螺旋彈簧、套筒伸縮式避震器
後端	半獨立車輪、擺動軸、扭力桿、螺旋彈簧、套筒伸縮式避震器
轉向系統	蝸桿與扇形齒輪
前／後煞車	鼓式，直徑280 MM
車輪	406.4 MM鋁製輪圈與5.00 X 16前胎、5.25 X 16後胎

尺寸與重量

軸距	2,101 MM
前／後輪距	1,290/1,250 MM
長	3,600 MM
寬	1,550 MM
高	1,015 MM
重	590 KG
油箱容量	---

性能

極速	220 KM/H
加速0-100 KM/H	<10.0秒
重量／馬力比	5.27 KG/HP

176-177—保時捷550 Spyder特別圓滑且優雅的輪廓是利用司徒加特大學的風洞開發出來的。

本車款衍生自Giulietta Sprint，是應馬克思‧霍夫曼要求所生產，他是這家位於義大利阿雷塞的跑車製造商的美國進口商。他保證訂購2500輛行銷北美市場，北美洲有一小群死忠顧客對這個帶有龍形蛇標誌的汽車品牌情有獨鍾。愛快羅密歐Giulietta Spider車身由賓尼法利納設計，靈感來自他當時的另外一個作品，迷人的蘭吉亞Aurelia B24 Spider。這輛魅力十足的雙門轎跑車擁有細緻內裝，1290cc直列四缸引擎搭配單具Solex化油器，馬力只有65hp。它的頂置式雙凸輪軸在當時是高檔規格，還有先進的避震系統，特別是前端搭配承重車身結構，而非以車架搭配車身的標準作法。這個設計讓它更加輕盈，組裝也更快速。Veloce版本則改搭載兩具韋伯化油器，配合性能取向的壓縮比，將馬力推升到90hp。1959年誕生了第二系列，稱為101，而非原本的750。軸距加長了5公分，馬力80hp。如同霍夫曼所預估，這款車非常熱賣，尤其在美國。它的後繼車款是1962年的Giulia Spider。

178-179—1955年的愛快羅密歐Giulietta Spider採用1290cc直列四缸引擎，搭配單具Solex化油器和頂置式雙凸輪軸，馬力65hp。

1955 愛快羅密歐
Alfa Romeo Giulietta Spider

規格表

引擎

配置	前方縱置
汽缸	直列四缸
缸徑×衝程	74.0 X 75.0 MM
引擎排氣量	1,290 CC
最大馬力	90 HP（6,000 RPM）
最大扭力	11.0 KGM（4,500 RPM）
氣門機構	頂置式雙凸輪軸
氣門數	每汽缸二氣門
供油系統	二具韋伯40 DCO3化油器
冷卻系統	水冷

傳動系統

傳動方式	後輪
離合器	乾式單片離合器
變速箱	四速手排+倒檔

底盤

車身形式	雙座敞篷跑車
車架	鋼製承重
前端	獨立車輪、雙A臂懸吊、螺旋彈簧、套筒伸縮式避震器、防傾桿
後端	梁式車軸、螺旋彈簧、套筒伸縮式避震器
轉向系統	蝸桿與扇形齒輪
前／後煞車	鼓式
車輪	381 MM碟盤與155 X 15前後胎

尺寸與重量

軸距	2,200 MM
前／後輪距	1,293/1,270 MM
長	3,380 MM
寬	1,540 MM
高	1,180 MM
重	863 KG
油箱容量	53 L

性能

極速	82 KM/H
加速0-100 KM/H	11.1秒
重量／馬力比	9.59 KG/HP

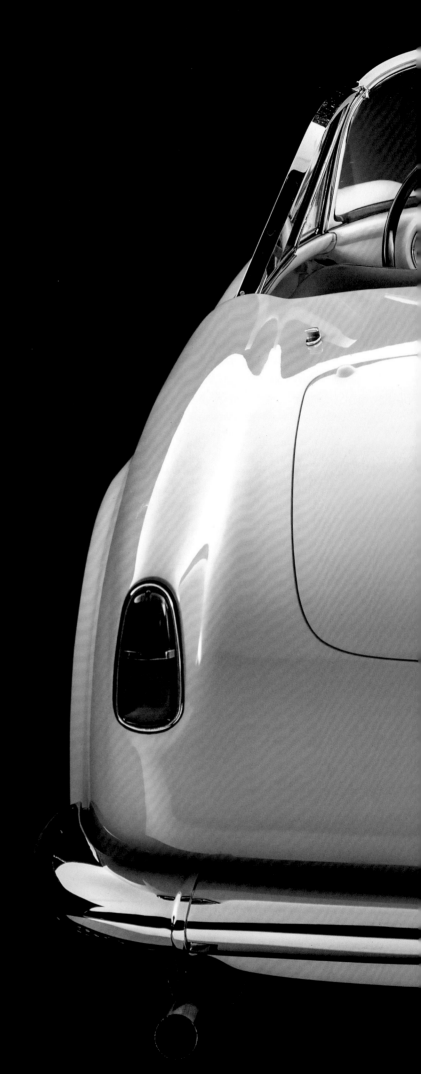

180-181—這輛由賓尼法利納設計的愛快羅密歐，當初是應美國進口商馬克思·霍夫曼的要求所生產。

1955 賓士
Mercedes-Benz
300 SL Gullwing

這輛車是汽車界的傳奇，是1950年代最振奮人心、辨識度最高的汽車，吸引一代又一代車迷的目光，不但外型至今仍然有人仿效，更主要是它的「鷗翼式」車門，兩邊都開啟時就像一隻海鷗張開了翅膀。SL是德文「Sport Leicht」的縮寫，意思是「運動輕量」，這個名稱將永遠傳承下去，從300 SL開始，SL就代表了賓士的雙座敞篷跑車，也是這家斯圖加特的車廠在同盟國於二次世界大戰結束時，解除汽車生產禁令後最早生產的車型之一。它的誕生只為了一個目標，就是幫助賓士公司恢復過去的主宰地位。儘管是在預算限制下生產，設計師仍然透過巧思打造出特別堅固且輕量的鋼管車架。但是由於車身尺寸的限制，車門鉸鏈必須固定在車頂，造就了它特殊的開啟方式。量產版本由同名的賽車版本發展出來，使用2993cc的直列六缸引擎，供油來自革命性的機械式直接噴射系統，而非傳統的化油器，這絕對是首創之舉。這項創新科技帶來了215hp馬力以及28.0 kgm扭力，在那個時代是非常驚人的數字。大多數的300 SL車身為鋼製，但有29輛是鋁製車身，成為收藏家的夢幻逸品。自1957年起，300 SL除了雙門轎車外，也推出雙座敞篷跑車。

182-183—1955年的賓士300 SL Gullwing 配備特別堅固又輕量的鋼管車架，為了達成設計目的，車門鉸鏈並須固定在車頂。

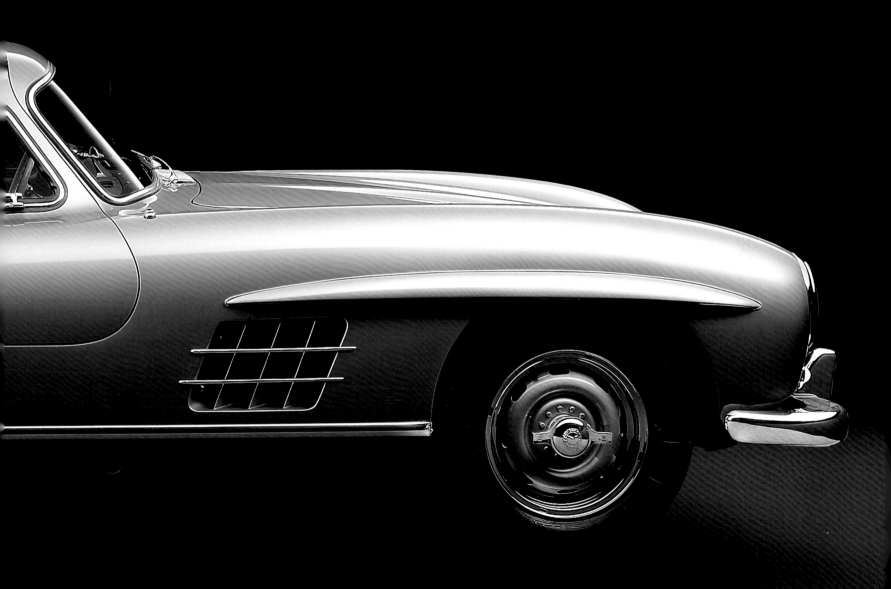

規格表

引擎

配置	前方縱置
汽缸	直列六缸
缸徑X衝程	85.0 X 88.0 MM
引擎排氣量	2,996 CC
最大馬力	215 HP（5,800 RPM）
最大扭力	28.0 KGM（4,600 RPM）
氣門機構	頂置式單凸輪軸
氣門數	每汽缸二氣門
供油系統	BOSCH機械直接噴射
冷卻系統	水冷

傳動系統

傳動方式	後輪
離合器	乾式單片離合器
變速箱	四速手排+倒檔

底盤

車身形式	雙門轎跑車
車架	鋼管
前端	獨立車輪、雙A臂懸吊、螺旋彈簧、套筒伸縮式避震器、防傾桿
後端	半獨立車輪、擺動軸、支柱、螺旋彈簧、套筒伸縮式避震器
轉向系統	循環球式
前／後煞車	鼓式，直徑260 MM
車輪	381 MM碟盤與6.50 X 15 前後胎

尺寸與重量

軸距	2,400 MM
前／後輪距	1,385/1,435 MM
長	4,520 MM
寬	1,778 MM
高	1,302 MM
重	1,293 KG
油箱容量	100 L

性能

極速	260 KM/H
加速0-100 KM/H	8.80秒
重量／馬力比	6.01 KG/HP

184-185—Gullwing這個名稱取自它如海鷗翅膀般的車門，而SL這個縮寫從1965年以來就一直是這家以三芒星為標誌的車廠所生產的雙座敞篷跑車的代表。

186-187—300 SL Gullwing的動力來自革命性的2993 6cc直列六缸引擎，供油來自直接噴射系統而非化油器。

1955 MG MGA

MG MGA輕盈、靈敏又純粹，是英國雙座敞篷跑車的典範，總共生產了10萬輛，讓全世界為之風靡。這款車使用新開發的1489cc直列四缸引擎，頂置式單凸輪軸、每汽缸二氣門，能發出69hp馬力。MG MGA由英國汽車公司（British Motor Corporation，MG是這個集團旗下的品牌）製造，幫它精簡重量與車身大小。這輛車的動力雖然中規中矩，但已綽綽有餘，因為車重僅890公斤，足以確保性能不會讓人失望。雖然在1959年代承重車身的設計已經普及，但這款車的結構仍維持傳統，以梯形車架搭配獨立的車身；而以尺條搭配小齒輪的轉向系統則為它帶來些許現代氣息，這項設計至今仍然廣受各大車廠採用，取代較原始的蝸桿搭配扇形齒輪設計。煞車為四輪液壓輔助鼓式煞車。MG MGA原本是開篷且無門把的車型，後來又增加了雙座轎車版本。1958年推出109hp馬力的高性能版，名為Twin Cam，正如其名，引擎為雙凸輪軸，壓縮比也提高了。

188-189—1955年的MG MGA是英國雙座篷跑車的典範：輕盈、靈敏又純粹，重量僅890公斤，動力來自1489cc直列四缸引擎。

規格表

引擎

配置	前方縱置
汽缸	直列四缸
缸徑X衝程	73.0 X 88.9 MM
引擎排氣量	1,489 CC
最大馬力	69 HP（5,500 RPM）
最大扭力	10.7 KGM（3,500 RPM）
氣門機構	頂置式單凸輪軸
氣門數	每汽缸二氣門
供油系統	雙具SU H4化油器
冷卻系統	水冷

傳動系統

傳動方式	後輪
離合器	乾式單片離合器
變速箱	四速手排+倒檔

底盤

車身形式	雙座敞篷跑車
車架	鋼製梯形車架
前端	A臂獨立車輪、螺旋彈簧、套筒伸縮式避震器
後端	梁式車軸、縱置板片彈簧、液壓避震器
轉向系統	齒條與齒輪
前／後煞車	鼓式，直徑254 MM
車輪	381 MM有輻輪與5.60 X 15 前後胎

尺寸與重量

軸距	2,388 MM
前 / 後輪距	1,207/1,238 MM
長	3,962 MM
寬	1,473 MM
高	1,270 MM
重	890 KG
油箱容量	45 L

性能

極速	157 KM/H
加速0-100 KM/H	16.0秒
重量 / 馬力比	12.90 KG/HP

1956 保時捷
Porsche 356A Speedster

這款車為保時捷的歷史寫下了最重要的一頁。356A Speedster由356進化而來，也是這家以斯圖加特祖豐豪仁（Zuffenhausen）區為根據地的汽車公司所生產的第一部量產車。當時它所採用的幾項技術，至今仍然沿用在保時捷最經典的911 Carrera跑車上，包括保時捷最具代表性、突出在後方的後置水平對臥引擎。356是小費迪南・「費里」・保時捷（Ferdinand "Ferry" Porsche Jr.）的傑作，融入了金龜車的一些特色，包括避震與煞車系統；金龜車是由他的父親，也就是創立這家公司的傳奇人物費迪南・保時捷所設計。356A Speedster極為輕巧靈活，重量僅760公斤，配備氣冷的1582cc水平對臥四汽缸引擎，馬力為70hp。在外型風格上，它有包覆式的擋風玻璃（不同於早先車款的V字型），車身由德國專門製造車身的瑞特（Reutter）打造，在美國大受歡迎。高性能的Super版本馬力提升了18 hp，還有一個Carrera版本，馬力有115hp，並具備雙凸輪軸氣門機構。356A除了雙座敞篷跑車，也有雙座轎車與敞篷車版本，為保時捷奠定了招牌車款911的根基。

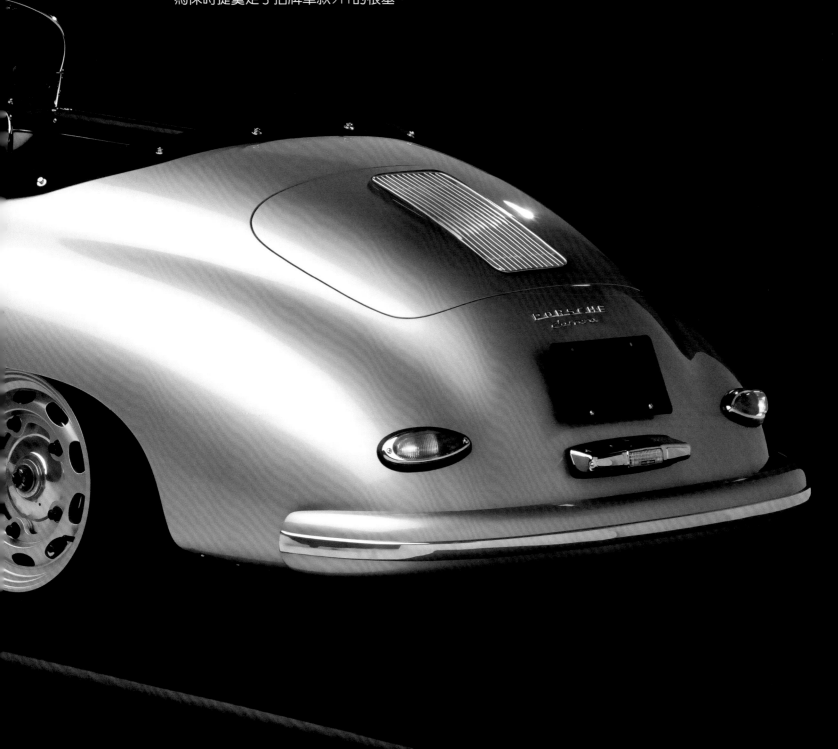

規格表

引擎

配置	後方縱置
汽缸	水平對臥四缸
缸徑X衝程	82.5 X 74.0 MM
引擎排氣量	1,582 CC
最大馬力	70 HP（4,500 RPM）
最大扭力	11.2 KGM（2,800 RPM）
氣門機構	頂置式單凸輪軸
氣門數	每汽缸二氣門
供油系統	雙具SOLEX 32 PBJ化油器
冷卻系統	氣冷

傳動系統

傳動方式	後輪
離合器	乾式單片離合器
變速箱	四速手排+倒檔

底盤

車身形式	雙座敞篷跑車
車架	鋼管 梯形車架
前端	獨立車輪、拖曳臂、扭力桿、螺旋彈簧、套筒伸縮式避震器、防傾桿
後端	半獨立車輪、擺動軸、扭力桿、螺旋彈簧、液壓避震器
轉向系統	蝸桿與扇形齒輪
前／後煞車	鼓式
車輪	381MM碟盤與5.60 X 15前後胎

尺寸與重量

軸距	2,100 MM
前／後輪距	1,306/1,272 MM)
長	3,950 MM
寬	1,670 MM
高	1,220 MM
重	760 KG
油箱容量	52 L

性能

極速	160 KM/H
加速0-100 KM/H	15.3秒
重量／馬力比	10.86 KG/HP

190-191與192-193──1956年的保時捷356A Speedster已經具備經典的911跑車的幾項典型特色，例如突出於後軸外的水平對臥引擎架構。

1957 雪佛蘭
Chevrolet
Bel Air II

194-195—1957年的雪佛蘭Bel Air雙門轎車，招牌特色在於從頭到尾的鍍鉻裝飾，有敞篷車、轎車以及旅行車等不同車身。

Bel Air於1950年誕生時，原本是為全尺寸（full-size）的Deluxe上市暖身，在1953年開始成為獨立車型。外觀上，它的特色在於從頭到尾完整的鍍鉻裝飾，包括車尾鰭片。車型有敞篷車（分為有硬頂跟無硬頂兩種）、四門轎車與旅行車等不同種類。其中旅行車特別的是具有貼在車身兩側的木紋飾板，在當時相當流行。Bel Air一上市就大獲成功，甚至成為1959年代美國汽車的代表，並在接下來的十年間影響了雪佛蘭的汽車設計。第二代的Bel Air從1954年開始生產，擁有4638cc的V型八缸引擎，是當時引擎中的標竿。這具引擎的特色在於單凸輪軸頂置氣門設計，每汽缸兩氣門，輸出248hp馬力及41.5kgm扭力。精良的氣門設計讓這輛大尺寸汽車有足夠的動力。車長超過5公尺，敞篷版本重1517公斤。搭配的變速系統為傳統的三速手排，還有二速及三速自排可選擇。Bel Air到1981年停產為止，總共生產了八代，是汽車史上最長壽的車型之一，如今要價驚人，大約在10萬美元的水準。

196-197—Bel Air雙門車型長度超過5公尺，具有4638cc
的V型八缸引擎，這是當時引擎中的標竿，能輸出
248hp馬力及41.5kgm扭力。

198與199—Bel Air II的另一項特色在於車輪中央加上了輪蓋。這款車持續生產了八代，直到1981年才停產。

規格表

引擎

配置	前方縱置
汽缸	V型八汽缸（夾角90°）
缸徑X衝程	99.0 X 76.0 M
引擎排氣量	4,638 CC
最大馬力	248 HP（5,000 RPM）
最大扭力	41.5 KGM（4,800 RPM）
氣門機構	頂置氣門
氣門數	每汽缸二氣門
供油系統	雙具ROCHESTER化油器（1957年起）
冷卻系統	水冷

傳動系統

傳動方式	後輪
離合器	乾式單片離合器
變速箱	三速手排+倒檔

底盤

車身形式	敞篷車／雙門轎跑車／轎車／旅行車
車架	鋼製梯形
前端	杜本內獨立車輪、拖曳臂、螺旋彈簧、液壓避震器
後端	狄迪翁梁式車軸、縱置板片彈簧、液壓避震器

轉向系統	循環球式
前／後煞車	鼓式，直徑279 MM
車輪	355.6 MM碟盤與7.50 X 14前後胎

尺寸與重量

軸距	2,921 MM
前／後輪距	1,473/1,494 MM
長	5,080 MM（敞篷車）
寬	1,876 MM（敞篷車）
高	1,521 MM（敞篷車）
重	1,517 KG（敞篷車）
油箱容量	61 L

性能

極速	---
加速0-100 KM/H	10.9秒（敞篷車）
重量／馬力比	6.12 KG/HP（敞篷車）

這輛車是為了加州的陽光而生。當時這家位於義大利馬拉內羅（Maranello）的車廠在美國的進口商路易吉‧切內提（Luigi Chinetti）說服了恩佐‧法拉利（Enzo Ferrari），為美國市場投入這輛車的生產計畫。於是設計師斯卡列蒂為這家躍馬標誌的車廠創作出歷來最迷人的雙座敞篷跑車。它的特色在於鋼板車身搭配鋁製引擎蓋、行李箱蓋和車門。還有少數幾輛完全以輕量的鋁材打造用於賽車。250 California LWB由250 GT berlinetta演進而成，也傳承了2953cc、V型12缸法國大賽規格的引擎。除了最初的幾輛配備樹脂玻璃大燈蓋，之後的第二版搭配凸出的無蓋大燈，以及較突顯的葉子板。之後1959年改款時加入了側邊三道垂直的通風口，以及大燈外緣的鍍鉻裝飾，還有引擎蓋上的進氣口。趁這次改款之便，也由先前持續採用的鼓式煞車升級為碟煞。軸距較長（2600mm）的版本持續生產到1960年，之後由軸距較短（2400mm）的雙門敞篷跑車取代。它的V型12缸引擎聲浪美妙，兩個版本都能選擇搭配可拆卸的硬式車頂。

200-201—法拉利250 California LWB的2953cc、V型12缸引擎在車廠內部暱稱為「Tipo 125」，由著名的汽車工程師喬克諾‧克羅布（Gioacchino Colombo）所設計。

1957 法拉利
Ferrari 250 California LWB

規格表

引擎

配置	前方縱置
汽缸	V型12缸（夾角60°）
缸徑X衝程	73.0 X 58.8 MM
引擎排氣量	2,953 CC
最大馬力	240 HP、1958年起為260 HP（7,000 RPM）
最大扭力	25.2 KGM（5,500 RPM）
氣門機構	頂置式單凸輪軸（每排汽缸）
氣門數	每汽缸二氣門
供油系統	三具WEBER 36 DCL3化油器
冷卻系統	水冷

傳動系統

傳動方式	後輪
離合器	雙碟式
變速箱	四速手排+倒檔

底盤

車身形式	雙座敞篷跑車
車架	鋼管 梯形車架
前端	獨立車輪、A臂懸吊、螺旋彈簧、胡戴液壓避震器
後端	梁式車軸、縱置板片彈簧、胡戴液壓避震器
轉向系統	蝸桿與扇形齒輪
前／後煞車	鼓式（1959年起為碟式）
車輪	406.6 MM有輻輪與 6.00 X 16前後胎

尺寸與重量

軸距	2,600 MM
前／後輪距	1,354/1,349 MM
長	4,400 MM
寬	1,650 MM
高	1,400 MM
重	1,000 KG（1959年起為1,075 KG）
油箱容量	100 L (1959年起為136 L)

性能

極速	252-268 KM/H
加速0-100 KM/H	8.7秒
重量／馬力比	4.17-4.13 KG/HP

202-203—1957年的法拉利250 California LWB以鋼板車身搭配鋁製的引擎蓋、行李箱蓋和車門。

1959 奧斯丁—希利
Austin-Healey 3000

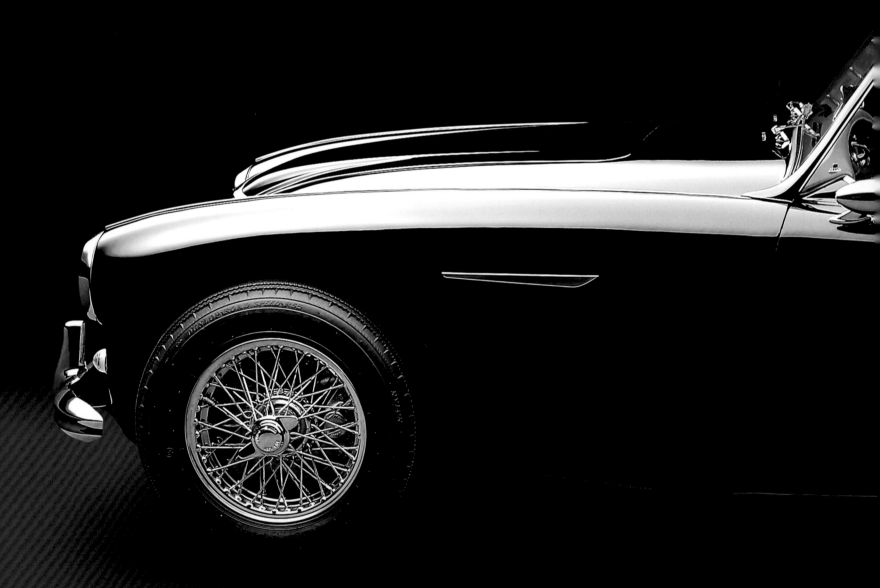

這輛車由英國汽車公司（BMC）以奧斯丁─希利品牌推出，是具有歷史意義的100型雙座敞篷跑車的後繼款。名稱源於2912cc的引擎排氣量，這是一具直列六缸頂置氣門引擎。最早的版本採用雙化油器供油系統，能在4600rpm產生最大馬力126hp，在2700rpm發出22.4kgm扭力，並配備了英國的煞車製造廠葛林（Girling）的「混合式」煞車，前端為直徑280mm的碟煞，後端是相同尺寸的鼓煞。這項現代化的配備讓它在多項街道賽中取得優勢。奧斯丁─希利3000的車身只供應配備了可拆卸硬頂的敞篷版本，多半都是單純的雙座或是前方兩個座位加上後方兩個小座的2+2版本，共生產了將近1萬4000輛，第二代後繼車款稱為Mark II，改良為三具化油器以及修改過的凸輪軸，馬力提升為132 hp。第三代Mark III 於1963年推出，到1967年停產，奧斯丁─希利也在這一年關門大吉。這輛車擁有150 hp馬力，與過去的車型相比，內裝顯然更加奢華，還有細緻的胡桃木裝飾。它也是最後一輛偉大的奧斯丁─希利。

204-205─1959年的奧斯丁─希利3000車身只供應配備了可拆卸硬頂的篷版本，多半都是單純的雙座，或是前方兩個座位加上後方兩個小座的2+2版本。

規格表

引擎

配置	前方縱置
汽缸	直列六缸
缸徑X衝程	83.4 X 88.9 MM
引擎排氣量	2,912 CC
最大馬力	126 HP（4,600 RPM）
最大扭力	22.4 KGM（2,700 RPM）
氣門機構	單頂置氣門
氣門數	每汽缸二氣門
供油系統	雙具SU HD6化油器
冷卻系統	水冷

傳動系統

傳動方式	後輪
離合器	乾式單碟片
變速箱	四速手排+倒檔

底盤

車身形式	雙座敞篷跑車／敞篷車
車架	鋼製梯形車架
前端	獨立車輪、A臂懸吊、螺旋彈簧、液壓槓桿避震器
後端	梁式車軸、縱置板片彈簧、支柱、液壓槓桿避震器
轉向系統	齒條與齒輪
前／後煞車	前碟式，直徑280 MM；後鼓式，直徑280 MM
車輪	381 MM有輻輪與5.90 X 15前後胎

尺寸與重量

軸距	2,337 MM
前／後輪距	1,328/1,270 MM
長	4,001 MM
寬	1,537 MM
高	1,245 MM
重	1,143 KG
油箱容量	55 L

性能

極速	185 KM/H
加速0–100 KM/H	11.8秒
重量／馬力比	9.07 KG/HP

206-207—奧斯丁—希利3000名稱源起於它所搭載的2912cc直列六缸引擎。

1960年代：

曠世傳奇

進步勢不可擋，一切再也回不到從前，汽車也誕生了眾多里程碑。
性能與設計同樣撼動人心的偉大車款一一問世，影響力延續至今。

　　最早的家用電器出現，彩色電視問世，廣告開始與日常生活密不可分，拍立得相機席捲市場……每一戶人家都已經進入了現代。此時，1970年代的能源危機尚未爆發，汽油似乎是永不耗竭的資源。國民所得成長，有錢人愈來愈多，擁車的慾望也愈來愈強，大家都想要擁有與眾不同的汽車，能讓人回頭多看兩眼，讚嘆它大膽的線條與令人屏息的性能。社會瀰漫著樂觀的氣氛和冒險的慾望，特別在生產線上，無論在設計還是機械上都徹底創新。有哪一輛車是這些潮流的象徵嗎？答案是1961年的捷豹E-Type，它線條俐落又充滿侵略性的車身完全跳脫了常規，恩佐‧法拉利甚至盛讚它是「史上最美的汽車」。

　　技術又往前跨進了一步。前後輪獨立雙A臂懸吊不再罕見；雖然化油器供油系統的性能依舊值得肯定，但也開始被機械式噴射供油系統所取代，頂置式雙凸輪軸也愈來愈普及。碟煞進化成能夠靠自己散熱的通風碟，蝸桿扇形齒輪轉向系統已成了老古董，而且在更現代、性能更好的齒條小齒輪轉向系統的衝擊下節節敗退。梯形車架搭配分離的車身已被淘汰，特別是在歐洲；取而代之的是單體式車身設計，因為它能降低成本且縮短生產時間而愈來愈受青睞。汽車成為行動的實驗室，是當代最佳技術的展現。因此，車身製造商克羅杰利亞‧圖靈推出的「超輕量」車身成為搶手貨，它利用了輕薄的鋼管與鋁質鈑件，不但兼顧車架的結構強度，又能聰明減低車重。這種極具巧思的設計廣受歡迎，連英國的奧斯頓─馬丁（Aston Martin）車廠都用來搭配他們的DB5，這輛不朽的車中極品最早出現在1964年的詹姆士‧龐德電影《金手指》中。

　　低還要再低之外，也出現了婀娜多姿的線條、向後傾斜再收尖的車尾、圓滑的邊角、後移的座艙，和長到看不到盡頭的引擎蓋，甚至還有喬蓋托‧喬治亞羅（Giorgetto Giugiaro）設計的瑪莎拉蒂Ghibli的鯊魚鼻車頭，還有賓士230SL中間略微凹陷、蓋起來之後讓人聯想到東方寺廟建築的硬頂，這個不尋常的造型被暱稱為「寶塔」（Pagoda）。這是一輛反映時代的汽車，一開始被認為太有未來感，連向來支持這個斯圖加特車廠的老顧客也批評得很厲害，但它不久就躍升為無可否認的格調與優雅的象徵。一切都不一樣了，大膽的作為換來了很大的收穫。在這樣一個火花四射的時代背景下，注定會催生令人難忘的傑作。

　　於是汽車界誕生了真正的里程碑。法拉利250 GTO問世，由於它令人屏息的設計，有一輛在50年後轉手時創下了3670萬美元的驚人成交價紀錄。同樣在1960年代，來自祖豐豪仁的保時捷車廠推出了車中極品911，從此它的名號傳承至今，幾項深具時代意義的設計也一直沿用下來，例如突出在後軸之外的後置水平對臥引擎。另外則有愛快羅密歐推出的Spider（Duetto），這是全世界持續生產最久、也最知名的雙座敞篷跑車之一，歷經四個不同世代的版本，橫跨超過30年。還有經典的福特Mustang（野馬），這是最具代表性的美製汽車之一，也是「小馬車」（pony car）這個類別的始祖，也就是擁有較長的引擎蓋、較小的車室與行李箱的雙門車或敞篷車，外型剛猛。然而，1960年代除了出現許多注定在汽車史上引領風騷的車型之外，還有新的廠牌問世，其中不少都在未來大放光彩。藍寶堅尼（Lamborghini）就是如此，它推出的經典大作如Miura，成了許多人心目中真正的現代超級跑車。1960年代是汽車史上經典輩出的時代，許多車款都極具特色，大大地左右了未來的汽車生產，影響力一直延續到現代。

別名為XK-E的捷豹E-Type在1961年日內瓦車展首度亮相，就引起了騷動。它有現代化的承重車身，以流線、侵略性、完全不落俗套的外型為特色。恩佐‧法拉利也對它一見鍾情，稱它為「史上最美的汽車」。一開始它只有雙門轎車或雙座敞篷跑車的型式，僅兩個座位，後來在1966年出現2+2的版本，但僅限於雙門轎車，軸距加長，可選配三速自動排檔。這輛車在商業上獲得重大佳績，持續生產到1975年，有三個系列問世，由於價格相對低廉，總共銷售了超過7萬輛。第一代配備源自XK的著名3781cc直列六缸引擎，具有頂置雙凸輪軸，供油來自三具SU化油器。這部引擎可輸出269 hp馬力以及36.0kgm扭力，搭配四速Moss手排變速箱。1964年，排氣量擴增到4195cc，不過馬力不變，但扭力大幅增加；這一代的避震系統特別優異，具有前後獨立雙A臂。第三代車型於1971年問世，配備5344cc的V型12缸引擎，馬力提升到276hp。

210-211—1961年的捷豹E-Type又名XK-E，法拉利創辦人恩佐‧法拉利對它特別傾心。

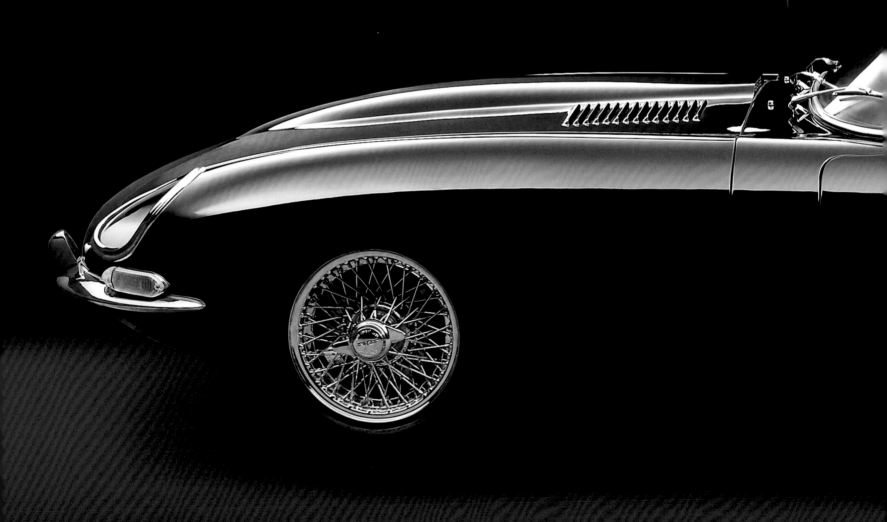

1961 捷豹
Jaguar E-Type

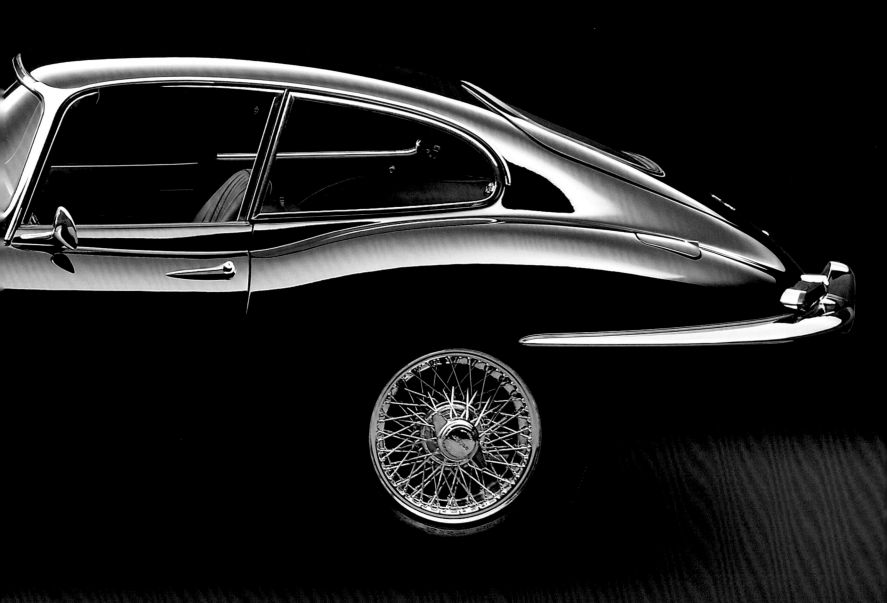

規格表

引擎

配置	前方縱置
汽缸	直列六缸
缸徑X衝程	87.0 X 106.0 MM
引擎排氣量	3,781 CC
最大馬力	269 HP（5,500 RPM）
最大扭力	36.0 KGM（4,000 RPM）
氣門機構	頂置式雙凸輪軸
氣門數	每汽缸二氣門
供油系統	三具SU HD8化油器
冷卻系統	水冷

傳動系統

傳動方式	後輪
離合器	乾式單片離合器
變速箱	四速手排+倒檔

底盤

車身形式	雙門轎跑車 / 雙座敞篷跑車
車架	鋼製承重
前端	獨立車輪、雙A臂懸吊、螺旋彈簧、套筒伸縮式避震器、防傾桿
後端	獨立車輪、雙A臂懸吊、雙螺旋彈簧、套筒伸縮式避震器、防傾桿
轉向系統	齒條與齒輪
前／後煞車	碟式：前直徑279 MM；後254 MM
車輪	381 MM輪圈與6.40 X 15前後胎

尺寸與重量

軸距	2,438 MM
前 / 後輪距	1,270/1,270 MM
長	4,375 MM（雙門轎跑車）
寬	1,657 MM（雙門轎跑車）
高	1,225 MM（雙門轎跑車）
重	1,234 KG（雙門轎跑車）
油箱容量	64 L

性能

極速	241 KM/H（雙門轎跑車）
加速0-100 KM/H	6.9秒（雙門轎跑車）
重量 / 馬力比	4.59 KG/HP（雙門轎跑車）

212-213—第一代捷豹E-Type以承重單體車身的現代結構著稱，3781cc直列六缸引擎可輸出269 hp馬力和36.0kgm扭力。

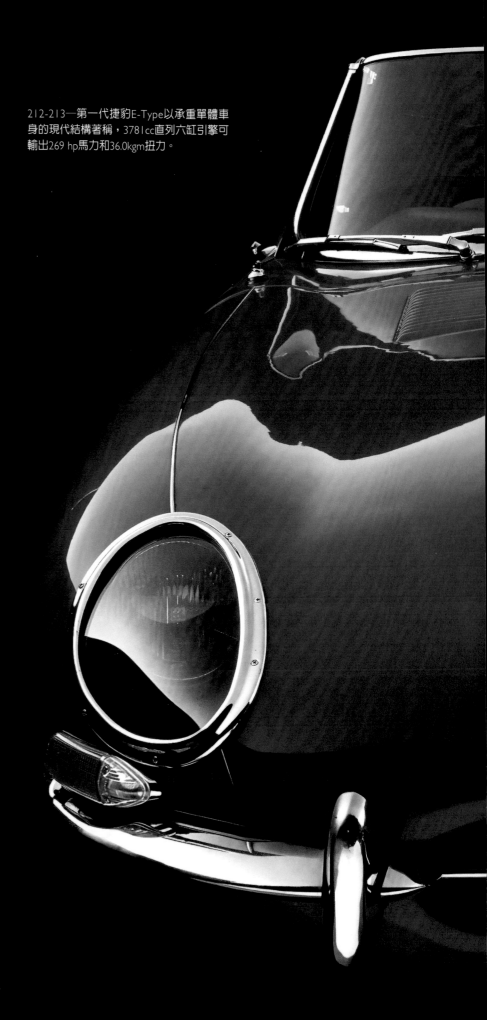

214-215—捷豹E-Type有雙門轎車或雙座敞篷跑車的款式。2+2版本加長了軸距，但是沒有敞篷款。

1962 法拉利
Ferrari 250 GTO

規格表

引擎

配置	前方縱置
汽缸	V型12缸（夾角60°）
缸徑X衝程	73.0 X 58.8 MM
引擎排氣量	2,953 CC
最大馬力	300 HP（7,400 RPM）
最大扭力	30.6 KGM（5,500 RPM）
氣門機構	頂置式單凸輪軸
氣門數	每汽缸二氣門
供油系統	6 WEBER 38 DCN化油器
冷卻系統	水冷

傳動系統

傳動方式	後輪
離合器	乾式單片離合器
變速箱	五速手排+倒檔

底盤

車身形式	雙座敞篷跑車
車架	鋼管梯形車架
前端	獨立車輪、A臂懸吊、螺旋彈簧、套筒伸縮式避震器、防傾桿
後端	梁式車軸、縱置板片彈簧、螺旋彈簧、套筒伸縮式避震器
轉向系統	蝸桿與扇形齒輪
前／後煞車	碟式
車輪	381 MM有輻輪與6.00 X 15前胎、7.00 X 15後胎

尺寸與重量

軸距	2,400 MM
前／後輪距	1,354/1,350 MM
長	4,325 MM
寬	1,600 MM
高	1,210 MM
重	880 KG
油箱容量	130 L

性能

極速	280 KM/H
加速0-100 KM/H	5.6秒
重量／馬力比	2.93 KG/HP

250 GTO是歷來最成功、最迷人的法拉利車款之一，GTO是Gran Turismo Omologato的縮寫，意思是獲得參賽認證許可的大型豪華旅行跑車。1960年代初，這輛來自馬拉內羅的法拉利跑車，是為了參加世界車廠冠軍錦標賽（International Championship for Manufacturers）而打造，與新崛起的國際競爭者一較高下。由喬托‧比薩里尼（Giotto Bizzarrini）的團隊所創造的250 GTO被暱稱為papera（義大利文的「鴨子」），因為它有玲瓏的低矮線條，加上帶有小型後擾流板的下切車尾，像個鴨屁股。它的特色在於融合了大型豪華旅行車的魅力以及跑車性能，引擎蓋底下的部分也堪稱革命性：250 GTO的心臟是來自Testa Rossa的2953cc V型12缸引擎，唯一的不同是採用了更具性能取向的乾式機油底槽而非溼式。梯形鋼管車架衍生自250GT SWB，並略加強化，軸距為2400mm。車身由斯卡列蒂設計，以鋁材打造，採用四輪碟煞和新的五速變速箱。自1962年起世界車廠冠軍錦標賽開始有GT組賽事以來，法拉利連續三年奪冠，只有在它賽車生涯的最後一年，遭遇了搭配福特V型八缸427引擎的AC Cobra的強力挑戰。250 GTO也是極少數在賽場與道路上都能展現極致表現的限量車款之一，總共僅生產36輛，曾在拍賣會上以3690萬美元售出，寫下最高拍賣價格紀錄。

216-217─250 GTO採用鋼管車架，車重僅880公斤，馬力重量比為非常卓越的2.93 kg/hp。

218-219─1962年的法拉利250 GTO是法拉利有史以來最成功、最迷人的車款。今天一輛保存完美的拍賣品可以賣到將近3700萬美元。

1962 凱旋
Triumph Spitfire

Spitfire繼承了凱旋Herald轎車的結構與機械上的優點，是英國雙座敞篷跑車中令人驚豔的典範。它的誕生是為了與奧斯丁—希利Sprite以及MG Midget等幾個強大的對手競逐市場，由義大利人喬凡尼·米凱洛迪（Giovanni Michelotti）設計，屬於比較傳統的車款，具有和車身分離的梯形車架（在1960年代被較先進的承重車身設計超越），僅前輪使用碟煞，搭配小排氣量的1147cc 四缸引擎，採用頂置氣門，供油來自兩具SU化油器，能輸出64hp馬力與9.3kgm扭力。這個動力單元與傳統的四速手排結合。它的名稱Spitfire 4，是為了表彰第二次世界大戰中有功的戰鬥機，並代表引擎的四缸設計。它的成功歸因於迷人的車身線條，與僅僅700公斤出頭的極輕車重。這些優點足以讓人忽略它的缺點，也就是時常無法預期的後輪避震反應，主要是因為它選擇了廉價的擺動軸搭配橫置板片彈簧的架構。內裝以簡約的斯巴達式風格呈現。它延續了五個世代，一直到1980年才停產。

220-221—1962年的凱旋Spitfire重量僅 712公斤，以小巧的1147cc 四缸引擎為動力來源，能夠輸出64 hp馬力。

規格表

引擎

配置	前方縱置
汽缸	直列四缸
缸徑X衝程	69.3 X 76.0 MM
引擎排氣量	1,147 CC
最大馬力	64 HP（5,750 RPM）
最大扭力	9.3 KGM（3,500 RPM）
氣門機構	單頂置氣門
氣門數	每汽缸二氣門
供油系統	二具化油器 SU
冷卻系統	水冷

傳動系統

傳動方式	後輪
離合器	乾式單片離合器
變速箱	四速手排+倒檔

底盤

車身形式	雙座敞篷跑車
車架	鋼製梯形車架
前端	獨立車輪、A臂懸吊、螺旋彈簧、套筒伸縮式避震器
後端	擺動軸、拖曳臂、橫置板片彈簧、液壓避震器
轉向系統	齒條與齒輪
前／後煞車	前碟式，直徑229 MM；後鼓式
車輪	330.2 MM碟盤與155 X 13前後胎

尺寸與重量

軸距	2,108 MM
前／後輪距	1,245/1,245 MM
長	3,683 MM
寬	1,448 MM
高	1,207 MM
重	712 KG
油箱容量	41 L

性能

極速	148 KM/H
加速0-100 KM/H	17.3秒
重量／馬力比	11.12 KG/HP

222-223—Spitfire由義大利的喬凡尼‧米凱洛迪設計，並延續了五個世代，在機械結構上相當傳統。

奧斯頓─馬丁DB5由地位崇高的DB4演化而來，延續了先前的「超輕量」（superleggera）車身，結合絕佳的結構強度同時限制住重量，這要歸功於製造車身的克羅杰利亞‧圖靈使用了輕薄的鋼管骨架和鋁材鈑件。DB5與前一代的差異在於增加了直列六缸引擎的排氣量，馬力為286hp，並採用現代的ZF五速手排，SU化油器也從兩具變成三具，不同於最早的一批是以比較普通的四速手排為標準配備。在選用配備上，最特別的是可搭配三速Borg-Warner自動排擋。這款車的車室還提供特別細緻的內裝，用料都是一時之選。高性能Vantage版本在1964年推出，搭配三具Weber化油器，直列六缸引擎重新修改凸輪軸，能輸出315hp馬力，高速表現特別強悍。除了雙門轎車，也有「獵裝車」（shooting brake，不過車廠並未正式把它歸在這個類別）。DB5因為成了007情報員的座駕而名留青史，最早在1964年的電影《金手指》中登場。它是有史以來最優雅的車款之一，僅生產1023輛，也是收藏家心目中的夢幻逸品之一。

224-225─1963年的奧斯頓─馬丁DB5是詹姆士‧龐德的座駕，它的「超輕量」車身是義大利車身製造商圖靈的手筆。

1963 奧斯頓—馬丁
Aston Martin DB5

規格表

引擎

配置	前方縱置
汽缸	直列六缸
缸徑X衝程	96.0 X 92.0 MM
引擎排氣量	3,996 CC
最大馬力	286 HP（5,500 RPM）
最大扭力	39.8 KGM（3,850 RPM）
氣門機構	頂置式雙凸輪軸
氣門數	每汽缸二氣門
供油系統	三具化油器 SU HD8
冷卻系統	水冷

傳動系統

傳動方式	後輪
離合器	乾式單片離合器
變速箱	五速手排+倒檔

底盤

車身形式	雙門轎跑車／敞篷車
車架	鋼管
前端	獨立車輪、A臂懸吊、螺旋彈簧、套筒伸縮式避震器、防傾桿
後端	擺動軸、瓦特平行連桿、螺旋彈簧、套筒伸縮式避震器
轉向系統	齒條與齒輪
前／後煞車	碟煞，前直徑,292 MM；後274 MM
車輪	381 MM有輻輪與6.70 X 15 前後胎

尺寸與重量

軸距	2,489 MM
前／後輪距	1,372/1,359 MM
長	4,572 MM（雙門轎跑車）
寬	1,676 MM（雙門轎跑車）
高	1,346 MM（雙門轎跑車）
重	1,465 KG（雙門轎跑車）
油箱容量	86 L

性能

極速	229 KM/H（雙門轎跑車）
加速0-100 KM/H	8.2秒（雙門轎跑車）
重量／馬力比	5.12 KG/HP（雙門轎跑車）

226-227—DB5一共生產1023輛，是歷來最優雅的汽車之一，內裝用料尤其是一時之選。

1963 雪佛蘭
Chevrolet Corvette C2
Sting Ray

規格表

引擎

配置	前方縱置
汽缸	V型八缸（夾角90°）
缸徑X衝程	101.6 X 82.6 MM
引擎排氣量	5,354 CC
最大馬力	360 HP（6,000 RPM）
最大扭力	48.6 KGM（4,000 RPM）
氣門機構	頂置氣門
氣門數	每汽缸二氣門
供油系統	ROCHESTER機械噴射
冷卻系統	水冷

傳動系統

傳動方式	後輪
離合器	乾式單片離合器
變速箱	四速手排+倒檔

底盤

車身形式	雙門轎跑車/雙座敞篷跑車
車架	車身結合車架
前端	獨立車輪,雙A臂懸吊、螺旋彈簧、套筒伸縮式避震器、防傾桿

後端	獨立車輪、雙A臂懸吊、支柱、橫置板片彈簧、套筒伸縮式避震器

轉向系統

前／後煞車	鼓式，直徑279 MM
車輪	381 MM碟盤與6.70 X 15 前後胎

尺寸與重量

軸距	V2,489 MM
前 / 後輪距	1,435/1,454 MM
長	4,453 MM（雙門轎跑車）
寬	1,768 MM（雙門轎跑車）
高	1,265 MM（雙門轎跑車）
重	1,373 KG（雙門轎跑車）
油箱容量	76 L

性能

極速	240 KM/H（雙門轎跑車）
加速0-100 KM/H	5.9秒（雙門轎跑車）
重量／馬力比	3.81 KG/HP（雙門轎跑車）

第一輛Corvette誕生十年後，通用汽車決定為這輛第一代雪佛蘭跑車重新設計全新版本。C2車型，也就是第二代Corvette，深受捷豹E-Type、一輛名為魟魚（Stingray）的概念車，以及灰鯖鯊的外型所影響，蘊含了全新的設計元素，包括隱藏式上掀車燈（此後這項鮮明的特點一直沿用至2004年）。最先問世的是硬頂敞篷的斜背式雙門轎跑車版本，後窗分成兩片，引擎蓋上有浮誇的魚鰓式通風口。它的車身向後收尖，車尾下斜，不禁讓人將第二次大戰前的布加迪與其他法國設計公司的作品。在技術方面，前一代的玻璃纖維車身依然延續，但是用了更多鋼材補強；避震大幅提升，採用雙A臂獨立懸吊的設計，搭配橫置板片彈簧。引擎的選擇與1962年的C1相同，包括一具5354cc的V型八缸引擎，馬力從250hp起跳，最大的是噴射供油引擎版本，馬力達360hp。變速箱為三速或四速手排，還有二速自排。碟煞最後在1965年取代了鼓煞，同年的更新還包括強悍的6500 cc V型八缸引擎，馬力425hp。第二代Corvette直到1967年才停產。

228-229與230-231—1963年的雪佛蘭Corvette C2 Sting Ray使用5354cc的V型八缸引擎，搭配三速手排或二速自排變速箱。

賓士230 SL更知名的稱號是「寶塔」，因為它的硬式車頂呈現兩側拱起的內凹造型，狀似東方廟宇。230 SL是190 SL的後繼車款，倍受車廠期待，目標是重現經典的300 SL榮光。這目標並不容易達成，但是它做到了，主因是它同時兼顧了性能、奢華與舒適性。起初很多人嚴厲批評它的設計太過前衛（不過美國消費者從一開始就很捧場），但最後大家對它的態度開始轉變，欣賞的人愈來愈多，沒多久就被各方捧為品味與優雅的化身。值得一提的是，230是全球第一輛擁有安全車室設計的跑車：車身具有潰縮區，能抵銷來自前後的撞擊力。它的車廠內部代碼為W113，由W111（220 SE）轎車為基礎開發而成，優勢在於軸距縮短了30公分，因此更加靈活。動力來自直列六缸引擎，放棄傳統的化油器改以噴射供油，能輸出150hp馬力與20.0kgm扭力，可搭配四速手排變速箱（1966年起改為五速）或四速自排。除了軟頂的雙座敞篷跑車，還有可拆卸硬頂可供選配（其實這等於同時擁有兩種車頂，因為軟篷就收納在座位後方的隔板下）。 230持續生產到1966年，之後由250取代。

232-233—為了消弭對於230 SL跑車性格的疑慮，賓士決定用它參加斯帕—索菲亞—列日（Spa-Sofia-Liège）的拉力賽，由尤金・伯林格（Eugen Böhringer）駕駛「寶塔」，在全程6600公里的比賽中以狂暴的速度勝出。

1963 賓士
Mercedes-Benz 230 SL

規格表

引擎

配置	前方縱置
汽缸	直列六缸
缸徑X衝程	82.0 X 72.8 MM
引擎排氣量	2,308 CC
最大馬力	150 HP（5,500 RPM）
最大扭力	20.0 KGM（4,200 RPM）
氣門機構	頂置式單凸輪軸
氣門數	每汽缸二氣門
供油系統	BOSCH噴射供油
冷卻系統	水冷

傳動系統

傳動方式	後輪
離合器	乾式單片離合器
變速箱	四速手排+倒檔

底盤

車身形式	雙座敞篷跑車
車架	鋼製承重
前端	獨立車輪、A臂懸吊、螺旋彈簧、套筒伸縮式避震器、防傾桿
後端	半獨立車輪、擺動軸、支柱、兀螺旋彈簧、套筒伸縮式避震器
轉向系統	循環球式
前／後煞車	前碟，直徑253 MM；後鼓，直徑230 MM
車輪	355.6 MM碟盤與185-14前後胎

尺寸與重量

軸距	2,400 MM
前／後輪距	1,486/1,487 MM
長	4,285 MM
寬	1,760 MM
高	1,320 MM
重	1,295 KG
油箱容量	65 L

性能

極速	200 KM/H
加速0-100 KM/H	11.1秒
重量／馬力比	8.63 KG/HP

234-235—230 SL是全球第一輛擁有安全車室設計的跑車，將前衛設計、奢華與舒適性融為一體。

911是保時捷跑車中的極致車款，超過半世紀以來一直是四輪車中的經典。它是保時捷第一款量產車356的後繼車型，356為保時捷奠定了許多技術上的里程碑，如後置氣冷的水平對臥引擎，以及後輪驅動等。有別於前一代的雙座，911座椅為2+2配置，並由四缸增為六缸，這些架構也成為每一代保時捷911的主要特色。引擎排氣量由1588cc擴增為1991cc，最初內部代號為901，用於最先出廠的82輛車，不久就因為與寶獅（Peugeot）汽車有命名上的衝突而改為911。寶獅宣稱它在法國擁有任何三位數且中間數字為0的車輛命名權。保時捷911是1956年由綽號布奇的斐迪南‧保時捷（Ferdinand "Butzi" Porsche）所設計，他是保時捷創辦人斐迪南的孫子、費里的兒子。911向來鎖定精英客群，當它終於在1963年問世時，價格的設定也是如此，但911車系還是受到大眾歡迎，在1966年推出強化的S版本，馬力由原本的130hp推升到160hp。911系列的陣容持續擴大，於1967年推出911 Targa及911 S Targa這兩款車，都配備可拆卸的車頂板。著名的Carrera名號首次出現是用在356，以彰顯車廠在「卡雷拉泛美越野大賽」的成就，後來在1973年也用於911系列。

236-237—1963年的保時捷911跑車是四輪車中的傳奇，盛名至今不墜。它由1991cc直列六缸引擎推動，馬力為130hp。

1963保時捷
Porsche 911

引擎

配置	後置、縱向擺放
汽缸	水平對臥六缸
缸徑X衝程	80.0 X 66.0 MM
引擎排氣量	1,991 CC
最大馬力	130 HP（6,100 RPM）
最大扭力	17.7 KGM（4,200 RPM）
氣門機構	頂置式單凸輪軸
氣門數	每汽缸二氣門
供油系統	二具SOLEX 40 PI化油器
冷卻系統	氣冷

傳動系統

傳動方式	後輪
離合器	乾式單片離合器
變速箱	五速手排+倒檔

底盤

車身形式	雙門轎跑車
車架	鋼製承重
前端	獨立車輪、雙A臂懸吊、螺旋彈簧、套筒伸縮式避震器
後端	半獨立車輪、扭力桿、螺旋彈簧、套筒伸縮式避震器
轉向系統	齒條與齒輪
前／後煞車	碟式，前直徑282 MM；後285 MM
車輪	381 MM碟盤與165 X 15前後胎

尺寸與重量

軸距	2,210 MM
前／後輪距	1,367/1,341 MM
長	4,163 MM
寬	1,610 MM
高	1,321 MM
重	1,080 KG
油箱容量	61 L

性能

極速	211 KM/H
加速0-100 KM/H	8.7秒
重量／馬力比	8.31 KG/HP

238-239—911是這家來自斯圖加特的車廠第一輛量產車356的後繼車型，擁有保時捷的幾項招牌特色，包括後置的氣冷式水平對臥引擎及後輪驅動。

1964福特
Ford Mustang

Mustang由出身平凡的福特Falcon演化而來，成為美國汽車史上最經典、受到最多仿效、也最成功的車款之一。它在1964年紐約世界博覽會登場即贏得非凡的成功，是「小馬車」（pony car）這個類別的起源，後來小馬車就代表引擎蓋特別修長、車室與行李箱都比較短、擁有張揚的車身線條的雙門轎跑車或敞篷車。Mustang的設計時間不到18個月，沿用許多Falcon與Fairlane車型現成的零件，使得車價得以壓低，另一方面卻也承接了許多陳舊的設計，像是詭異的避震系統（後端為梁式車軸與板片彈簧）、不精確的循環滾珠轉向系統、13英寸輪圈與輪胎，還有性能薄弱的鼓式煞車。原本採用來自Falcon的2782cc直列六缸引擎，性能表現令人搖頭，馬力只有101hp，搭配三速手排變速箱。福特無法及時趕製出V型八缸引擎來代替這具引擎，所幸有一長串受歡迎的配備提供了豐富的個性化改裝選擇。第一代Mustang推出時有敞篷車與斜背車，以及雙門轎跑車版本。從最初上市至今超過50年，目前仍在生產，現在的Mustang已經演進到第六代。

240-241—1964年的福特Mustang成為大受歡迎的車款，也是「小馬車」這個類別的始祖。最早的2782cc直列六缸引擎馬力只有101hp。

規格表

引擎

配置	前方縱置
汽缸	直列六缸
缸徑X衝程	88.9 X 74.7 MM
引擎排氣量	2,782 CC
最大馬力	101 HP（4,400 RPM）
最大扭力	21.6 KGM（2,400 RPM）
氣門機構	單頂置氣門
氣門數	每汽缸二氣門
供油系統	單具FORD AUTOLITE化油器
冷卻系統	水冷

傳動系統

傳動方式	後輪
離合器	乾式單片離合器
變速箱	三速手排+倒檔

底盤

車身形式	雙門轎跑車／斜背車／敞篷車
車架	鋼製承重
前端	獨立車輪、A臂懸吊、螺旋彈簧、套筒伸縮式避震器、防傾桿
後端	梁式車軸、板片彈簧、套筒伸縮式避震器
轉向系統	循環球式
前／後煞車	鼓式
車輪	330.2 MM鋁圈與6.50 X 13前後胎

尺寸與重量

軸距	2,743 MM
前／後輪距	5 1,407/1,422 MM
長	4,613 MM（雙門轎跑車）
寬	1,732 MM（雙門轎跑車）
高	1,298 MM（雙門轎跑車）
重	1,162 KG（雙門轎跑車）
油箱容量	61 L

性能

極速	151 KM/H（雙門轎跑車）
加速0–100 KM/H	15.5秒（雙門轎跑車）
重量／馬力比	11.39 KG/HP（雙門轎跑車）

242-243—第一代福特Mustang推出時有敞篷車與斜背車，以及雙門轎跑車版本。

規格表

引擎

配置	前方縱置
汽缸	直列四缸
缸徑X衝程	78.0 X 82.0 MM
引擎排氣量	1,570 CC
最大馬力	109 HP（6,000 RPM）
最大扭力	14.2 KGM（2,800 RPM）
氣門機構	頂置雙凸輪軸
氣門數	每汽缸二氣門
供油系統	二具WEBER 40 DCOE 27化油器
冷卻系統	水冷

傳動系統

傳動方式	後輪
離合器	乾式單片離合器
變速箱	五速手排+倒檔

底盤

車身形式	雙座敞篷跑車
車架	鋼製單體車身
前端	獨立車輪、A臂懸吊、螺旋彈簧、套筒伸縮式避震器、防傾桿
後端	梁式車軸、拖曳臂、螺旋彈簧、套筒伸縮式避震器
轉向系統	蝸桿與扇形齒輪
前／後煞車	碟式
車輪	381 MM碟盤與155X15前後胎

尺寸與重量

軸距	2,250 MM
前／後輪距	1,311/1,270 MM
長	4,255 MM
寬	1,626 MM
高	1,295 MM
重	996 KG
油箱容量	46 L

性能

極速	185 KM/H
加速	11.5秒
重量／馬力比	9.14 KG/HP

244-245—第一代愛快羅密歐Spider（別名Duetto）有狀似船尾的獨特車尾，第二代則以「截尾」為特色。

1966
愛快羅密歐
Alfa Romeo
Spider (Duetto)

愛快羅密歐Spider在美國大受好評,尤其是達斯汀·霍夫曼(Dustin Hoffman)開著它在1967年的電影《畢業生》中出現之後。它從1966年開始生產,迅速成為全世界最知名的愛快羅密歐車款之一,原本沒有名稱,後來車廠舉辦了一項徵名比賽,獲選的名字是Duetto,但是因為這個名字屬於一家食品公司而無法使用。因此雖然官方名稱是Spider,但是在檯面下大家還是習慣用Duetto來稱呼這輛來自米蘭、共經歷四個世代的雙門敞篷跑車。這款車由賓尼法利納設計,造型靈感取自流線型的烏賊骨,特色在於車側線條特別低矮,還有狀似船尾的車尾,不過這個造型只出現在第一代。它在機械上與Giulia Sprint GT Veloce相同,採用能夠輸出109hp馬力的1570cc直列四缸雙凸輪軸引擎;1968年加入了114hp馬力的1779cc引擎,僅限於頂級的1750 Spider Veloce版本,以及89hp馬力的1290cc引擎,用於入門級的Spider 1300 Junior。Spider車系採用發展自Giulia的承重車身,搭配前輪獨立懸吊與後輪的梁式車軸,前後一共生產將近30年(最後幾輛於1994年出廠,輸出北美),是愛快羅密歐在2007推出8C Competizione之前的最後一款後輪驅動車。

1966藍寶堅尼
Lamborghini Miura

規格表

引擎

配置	中置，橫向擺放
汽缸	V型12缸（夾角60°）
缸徑X衝程	82.0 X 62.0 MM
引擎排氣量	3,929 CC
最大馬力	355 HP（7,000 RPM）
最大扭力	37.4 KGM（5,100 RPM）
氣門機構	頂置雙凸輪軸（每排汽缸）
氣門數	每汽缸二氣門
供油系統	四具WEBER 40 IDL3C化油器
冷卻系統	水冷

傳動系統

傳動方式	後輪
離合器	乾式單碟片
變速箱	五速手排+倒檔

底盤

車身形式	雙門轎跑車
車架	鋼製單體車身
前端	獨立車輪、A臂懸吊、螺旋彈簧、套筒伸縮式避震器、防傾桿
後端	獨立車輪、A臂懸吊、螺旋彈簧、套筒伸縮式避震器

轉向系統	齒條與齒輪
前／後煞車	碟式，前直徑305 MM通風碟；後直徑280 MM
車輪	381 MM鎂製與205 X 15前後胎

尺寸與重量

軸距	2,500 MM
前 / 後輪距	1,412/1,412 MM
長	4,360 MM
寬	1,760 MM
高	1,067 MM
重	1,075 KG
油箱容量	90 L

性能

極速	290 KM/H
加速0-100 KM/H	5.2秒
重量 / 馬力比	3.03 KG/HP

在許多人眼中，藍寶堅尼Miura是第一輛真正的現代超級跑車，最大特色在於它革命性的引擎設計，不只是因為採用了中置引擎，更重要的是它打破了當時縱置引擎的傳統而改為橫置──這項設計的靈感顯然是來自賽車。當年吉亞姆保羅‧史坦薩尼（Giampaolo Stanzani）、吉安‧保羅‧達拉拉（Gian Paolo Dallara）和鮑伯‧華萊士（Bob Wallace）開發Miura時幾乎是私下偷偷進行的，因為這家來自聖阿加塔─博洛涅塞（Sant' Agata Bolognese）的車廠的創辦人費魯奇歐‧藍寶堅尼（Ferruccio Lamborghini）並不同意開發從賽車衍生而來的汽車。Miura由博通設計公司的首席設計師馬爾切羅‧甘迪尼（Marcello Gandini）負責設計。費魯奇歐用自己的星座金牛座，作為這家義大利車廠的廠徽，而Miura是取自藍寶堅尼的朋友愛德華多‧繆拉‧費爾南德茲（Eduardo Miura Fernández）在塞維爾（Seville）附近開設的牧牛場，之後一系列以鬥牛為靈感的命名也由此開始。第一代P400有一具3929cc的V型12缸引擎，取自400 GT，馬力355hp，推出之後一炮而紅，當時其他的跑車立刻相形遜色。1968年推出S版本，馬力370hp，還有1971的SV版本（Super Veloce，意思是「超級速度」），有385hp馬力。Miura在1973年停產，1974年推出後繼車款Countach。今天SV版本的價值在100萬至160萬美元之間。

246-247與248-249─1966年的藍寶堅尼Miura，動力來自3929cc的V型12缸引擎，馬力355hp，從靜止加速到時速100公里只要5.2秒。

這是兩國通力合作的心血結晶：由英國AC汽車公司（60年代推出靈巧的AC雙門敞篷跑車）結合美國設計師、車手兼企業家卡洛‧謝爾比（Carroll Shelby），他突發奇想，把強大的福特V型八缸引擎安裝在輕量的英國車上。1962年推出的最初幾輛作品搭載4.3公升引擎，後來增加到4.7公升。為了在Grand Tour類別參賽，謝爾比認為這輛車需要更精良的避震、更堅固的車架以及更大的馬力。解決方案包括前後四輪A臂獨立懸吊，加上管徑更粗（4英寸）的車架，以及最重要的，採用了馬力431hp的福特Type 427 Side Oiler V型八缸引擎，排氣量有6997cc。由於與這家底特律的車廠合作，謝爾比改造了原本AC的車架，把這款車重新命名為Mark III，第三代的Cobra就此問世。它有特別濃厚的賽車血統，但是由於比賽規範改變，迫使謝爾比將427系列轉為街道用車，於是S/C版本（Semi Competition，半競賽）誕生了：這是一輛前所未有的極限超跑，總共僅生產31輛，至今依然有小型的英國工作坊製作忠實的複刻版。

250-251—強悍的1966年謝爾比427 S/C Cobra，動力來自擁有431hp馬力的福特Type 427 Side Oiler V型八缸引擎，車重1035公斤。

1966 謝爾比
Shelby 427 S/C Cobra

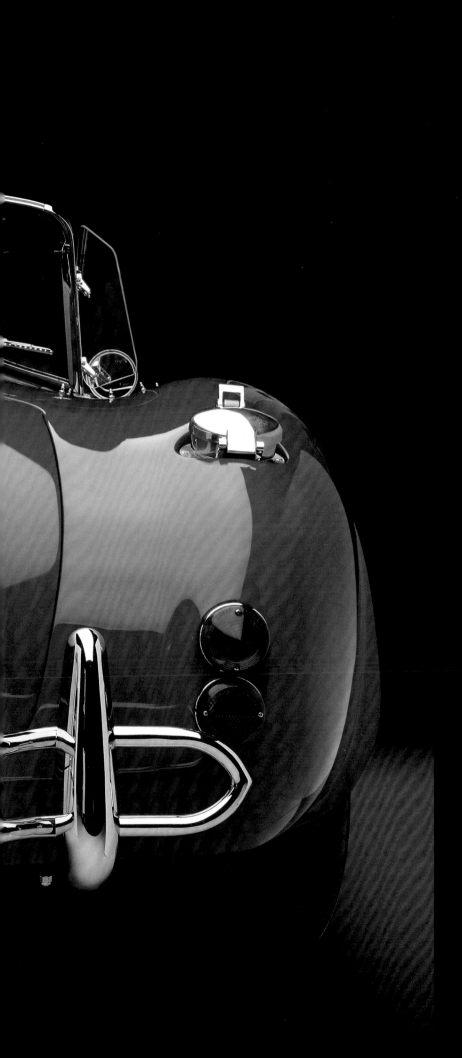

規格表

引擎

配置	前方縱置
汽缸	V型八缸（夾角90°）
缸徑X衝程	107.7 X 96.0 MM
引擎排氣量	6,997 CC
最大馬力	431 HP（6,000 RPM）
最大扭力	66.4 KGM（3,700 RPM）
氣門機構	頂置氣門
氣門數	每汽缸二氣門
供油系統	二具HOLLEY化油器
冷卻系統	水冷

傳動系統

傳動方式	後輪
離合器	乾式單片離合器
變速箱	四速手排+倒檔

底盤

車身形式	雙座敞篷跑車
車架	鋼管
前端	獨立車輪、A臂懸吊、螺旋彈簧、套筒伸縮式避震器
後端	獨立車輪、A臂懸吊、螺旋彈簧、套筒伸縮式避震器
轉向系統	齒條與齒輪
前／後煞車	碟式，前直徑297 MM；後273 MM
車輪	鎂製381 MM與205 X 15前後胎

尺寸與重量

軸距	2,286 MM
前／後輪距	1,422/1,422 MM
長	3,962 MM
寬	1,727 MM
高	1,245 MM
重	1,035 KG
油箱容量	68 L

性能

極速	262 KM/H
加速0-100 KM/H	4.3秒
重量／馬力比	2.40 KG/HP

252-253—427 S/C Cobra最初原本用於參賽，採用鋼管車架及獨立的A臂懸吊。

1967 愛快羅密歐
Alfa Romeo 33 Stradale

這款車是Tipo 33比賽用原型車的街道版，由佛朗哥·斯凱榮內（Franco Scaglione）設計，車身由專門製作車身的克羅杰利亞·馬拉齊（Carrozzeria Marazzi）公司打造。外型不但有創意，並且大膽，有鮮明的線條。最特別的地方是向上延伸到車頂的玻璃窗，以及前所未見的垂直開啓式車門。引擎是具賽車血統的1995cc、V型八缸中置引擎，搭配鋁製與鋼管車架及輕盈的合金車身。它是1960年代最精密的汽車，引擎供油揚棄傳統化油器，改採義大利專門製造商Spica的機械噴射系統。這具V型八缸引擎的轉速紅線高達1萬rpm，最大可輸出足足230hp馬力，以排氣量這麼小的引擎來說是破紀錄的馬力數字。另外一項特點是六速手排變速箱，有別於當時的跑車常搭配的四速或五速變速箱。33　Stradale一推出即成為最昂貴的高性能跑車，因此僅生產了12輛。現在的價值又是如何？沒有人知道，因為幾乎無法估算。

254-255—1967年的愛快羅密歐33 Stradale採用1995cc、V型八缸引擎，能夠在8800rpm提供230hp的馬力，這個轉速揭露了它的賽車血統。

規格表

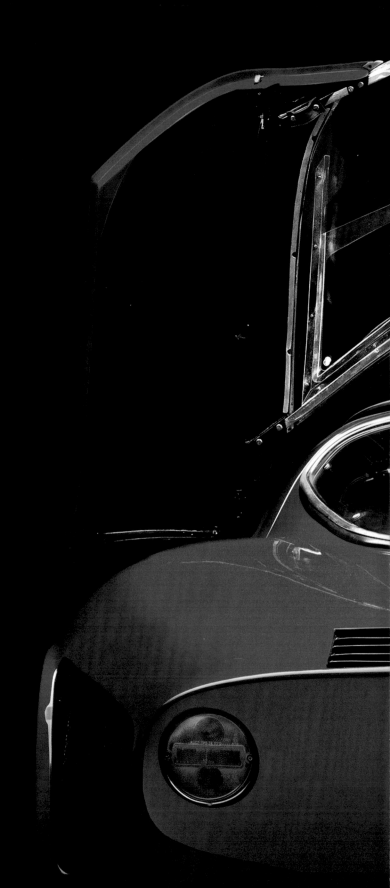

引擎

配置	中置，縱向擺放
汽缸	V型八缸（夾角90°）
缸徑X衝程	78.0 X 52.2 MM
引擎排氣量	1,995 CC
最大馬力	230 HP（8,800 RPM）
最大扭力	21.0 KGM（7,000 RPM）
氣門機構	頂置式雙凸輪軸
氣門數	每汽缸二氣門
供油系統	SPICA噴射系統
冷卻系統	水冷

傳動系統

傳動方式	後輪
離合器	乾式單片離合器
變速箱	六速手排+倒檔

底盤

車身形式	雙門轎跑車
車架	鋼管與鋁管
前端	獨立車輪、A臂懸吊、螺旋彈簧、套筒伸縮式避震器、防傾桿
後端	獨立車輪、縱置拖曳臂、A臂懸吊、螺旋彈簧、套筒伸縮式避震器、防傾桿
轉向系統	齒條與齒輪
前／後煞車	通風碟
車輪	鎂製，330.2 MM與5.25 X 13前後胎

尺寸與重量

軸距	2,350 MM
前／後輪距	1,350/1,445 MM
長	3,970 MM
寬	1,710 MM
高	990 MM
重	700 KG
油箱容量	98 L

性能

極速	260 KM/H
加速0-100 KM/H	5.6秒
重量／馬力比	3.04 KG/HP

258-259—33 Stradale在當時充滿未來感，揚棄傳統的化油器，改採義大利專門製造商Spica的機械噴射系統。

1967瑪莎拉蒂
Maserati Ghibli

規格表

引擎

配置	前方縱置
汽缸	V型八缸（夾角90°）
缸徑X衝程	94.0 X 85.0 MM
引擎排氣量	4,719 CC
最大馬力	310 HP（5,000 RPM）
最大扭力	40.1 KGM（4,000 RPM）
氣門機構	頂置式雙凸輪軸（每排汽缸）
氣門數	每汽缸二氣門
供油系統	四具WEBER 38 DCNL化油器
冷卻系統	水冷

傳動系統

傳動方式	後輪
離合器	乾式單片離合器
變速箱	五速手排+倒檔

底盤

車身形式	雙門轎跑車
車架	鋼製半單體式
前端	獨立車輪、A臂懸吊、螺旋彈簧、套筒伸縮式避震器、防傾桿
後端	梁式車軸、板片彈簧、套筒伸縮式避震器
轉向系統	齒條與齒輪

前／後煞車	通風碟
車輪	381 MM鋁製與7.50 X 15 前後胎

尺寸與重量

軸距	2,550 MM
前／後輪距	1,438/1,420 MM
長	4,590 MM
寬	1,798 MM
高	1,158 MM
重	1,650 KG
油箱容量	95 L

性能

極速	248 KM/H
加速0-100 KM/H	7.6秒
重量／馬力比	4.92 KG/HP

這款車延續瑪莎拉蒂的傳統，同樣以風的名稱來命名，Ghibli是北非的一種暖風西洛可風（Scirocco）在利比亞的名稱。這款車代號Tipo 115，由4719cc的V型八缸引擎推動，每排汽缸都有雙凸輪軸，能輸出335hp。座位配置為2+2，鋼製車身，前有隱藏式頭燈，由喬治亞羅設計。當時他是克羅杰利亞‧蓋亞（Carrozzeria Ghia）設計公司的明日之星，他創造的這個鯊魚形車頭引領了未來數十年的設計風潮。Ghibli和最精良的GT車款一樣，有五速手排或是三速自排版本可選擇，然而和後輪採用的梁式車軸和板片彈簧不搭調，性能比不上獨立懸吊系統。由於高油耗，這家位於莫德納（Modena）的公司不得不為它配上兩個50公升的油箱，後側車窗梁柱上各有一個油孔蓋。雙座敞篷跑車在1969年問世，SS版本也在同年上市，搭載將近4900cc的V型八缸引擎，馬力335hp。Ghibli在1973年停產，由Khamsin取代，但這個名稱在1992年復活，用來命名由馬爾切羅‧甘迪尼設計的一輛較小型、搭載雙渦輪V型六缸引擎的四座雙門轎車，還有現行的四門轎車也採用了這個名稱。

260-261—瑪莎拉蒂Ghibli是最早擁有鯊魚形車頭的車款之一，由喬治亞羅設計，引領未來數十年的風潮。

262-263—1967年的瑪莎拉蒂Ghibli由4719cc的V型八缸引擎推動，每排汽缸都有雙凸輪軸，能輸出335hp馬力，座位配置為2+2。

這是206　GT的後繼車款，由法拉利與飛雅特（Fiat）聯手打造，也是一系列Dino的起源，命名源自1950年代末在馬拉內羅生產的單座一級方程式賽車。Dino是恩佐‧法拉利的兒子阿弗列多（Alfredo）的小名，他參與了一顆六缸引擎的設計後在1956年逝世。這輛車也有一具橫向的中置六缸引擎並非巧合，但比206GT的排氣量更大，擴增到2418cc，這是必要的提升，以抵銷由鋁製車身改用鋼材後比206增加的180多公斤重量，只剩引擎蓋與車門繼續使用較輕的合金製作。擴增後的V型六缸引擎能輸出195hp馬力，也用在著名的蘭吉雅Stratos上。比起206GT，246 GT的軸距與車長都有些微增加，油箱蓋也不同，有一塊擋板，而206 GT則是直接外露。另外，它搭配了五肋式鋁圈，而不是先前採用的輪圈蓋。246　GT外型由賓尼法利納設計，和Dino 206 GT類似，被認為是一輛「小法拉利」，使人對馬拉內羅出產的汽車有了不同的觀感。車名的前兩個數字代表引擎排氣量，最後一個數字代表汽缸數量；過去這串數字只代表引擎排氣量。Dino一共推出了三個世代，車身為小型轎跑車（GT）與1972年問世的targa硬頂敞篷（GTS）。

264-265—1969年的法拉利Dino　246　GT是紀念恩佐‧法拉利的兒子Dino，他原本預定為接班人，結果不幸在1956年過世，死時僅24歲。這輛車搭載2418cc橫向中置V型六缸引擎。

1969 法拉利
Ferrari Dino 246 GT

266-267—Dino 246 GT由賓尼法利納設計，被視為「小法拉利」，
2418cc的V型六缸引擎能輸出195hp馬力，這具引擎也用於著名的蘭
吉雅Stratos。

規格表

引擎

配置	中置、橫向擺放
汽缸	V6（夾角65°）
缸徑X衝程	92.5 X 60.0 MM
引擎排氣量	2,418 CC
最大馬力	195 HP（7,600 RPM）
最大扭力	23.0 KGM（5,500 RPM）
氣門機構	頂置式雙凸輪軸（每排汽缸）
氣門數	每汽缸二氣門
供油系統	三具WEBER 40 DCN F/1-F/7化油器
冷卻系統	水冷

傳動系統

傳動方式	後輪
離合器	乾式單片離合器
變速箱	五速手排+倒檔

底盤

車身形式	雙座轎車
車架	梯形鋼管
前端	獨立車輪、A臂懸吊、螺旋彈簧、套筒伸縮式避震器、防傾桿
後端	獨立車輪、A臂懸吊、螺旋彈簧、套筒伸縮式避震器、防傾桿
轉向系統	齒條與齒輪
前／後煞車	碟式
車輪	355.6 MM鋁製與205/70前後胎

尺寸與重量

軸距	2,340 MM
前 / 後輪距	1,425/1,430 MM
長	4,235 MM
寬	1,700 MM
高	1,135 MM
重	1,080 KG
油箱容量	65 L

性能

極速	245 KM/H
加速0-100 KM/H	7.3秒
重量 / 馬力比	5.54 KG/HP

作者簡介

瑟巴斯提亞諾・薩爾威提（Sebastiano Salvetti）迷戀於汽車與山岳，他以滿腔熱情，以及對於科技還有不同題材的研究精神，將這兩個看似不相關的領域都轉化為職業。取得法律學位後，他展開了專業記者生涯，任職於戶外運動月刊《白朗峰》（Montebianco），並在《汽車》雜誌（Automobilismo）服務七年，專精於試駕、改裝及越野相關的報導。之後曾在《高山滑雪》，這本歐洲唯一專門報導高山滑雪的雜誌擔任技術總監。目前他服務於汽車入口網站red-live.it，並與《汽車大眾》（Gente Motori）、《汽車及越野》（Auto & Fuoristrada）、《汽車大眾經典》（Gente Motori Classic）、《農業發動機》雙月刊（Motori Agricoli），以及gazzetta.it與ilgiornale.it網站合作。

索引

圖片出處

國家地理精工系列

經典古董車

作者：瑟巴斯提亞諾‧薩爾威提
翻譯：金智光
主編：黃正綱
資深編輯：魏靖儀
美術編輯：謝昕慈
行政編輯：吳怡慧

發 行 人：熊曉鴿
總 編 輯：李永適
印務經理：蔡佩欣
發行總監：邱紫珍
圖書企畫：黃韻霖

出 版 者：大石國際文化有限公司
地 址：台北市內湖區堤頂大道二段181號3樓
電 話：(02) 8797-1758
傳 真：(02) 8797-1756
印 刷：博創印藝文化事業有限公司

2018年（民107）11月初版
定價：新臺幣 1200 元 / 港幣 400 元
本書正體中文版由 Edizioni White Star s.r.l.
授權大石國際文化有限公司出版
版權所有，翻印必究

ISBN：978-957-8722-35-4(精裝)
＊ 本書如有破損、缺頁、裝訂錯誤，
　請寄回本公司更換

總代理：大和書報圖書股份有限公司
地址：新北市新莊區五工五路2號
電話：(02) 8990-2588
傳真：(02) 2299-7900

國家圖書館出版品預行編目（CIP）資料

國家地理精工系列 經典古董車 ： 1920至
1960年代的傳奇名車 / 瑟巴斯提亞諾.薩爾
威提 作; 金智光 翻譯. -- 初版. -- 臺北市：大
石國際文化, 民107.11
272面 ; 24.8× 28.3公分
國家地理精工系列
譯自：The golden era of classic cars :
from the early 1900s to the late 1960s
ISBN 978-957-8722-35-4(精裝)

1.汽車

447.18　　　　　　　　　　107016441

國家地理合股有限公司是國家地理學會與二十一世紀福斯合資成立的企業，結合國家地理電視頻道與其他媒體資產，包括《國家地理》雜誌、國家地理影視中心、相關媒體平臺、圖書、地圖、兒童媒體，以及附屬活動如旅遊、全球體驗、圖庫銷售、授權和電商業務等。《國家地理》雜誌以33種語言版本，在全球75個國家發行，社群媒體粉絲數居全球刊物之冠，數位與社群媒體每個月有超過3億5000萬人瀏覽。國家地理合股公司會提撥收益的部分比例，透過國家地理學會用於獎助科學、探索、保育與教育計畫。